J. Ackermann

Abtastregelung

Zweite Auflage

Band II: Entwurf robuster Systeme

Mit 48 Abbildungen

Springer-Verlag Berlin Heidelberg New York 1983

Dr.-Ing. JÜRGEN ACKERMANN
Deutsche Forschungs- und Versuchsanstalt für Luft- und Raumfahrt e.V. (DFVLR)
Institut für Dynamik der Flugsysteme, Oberpfaffenhofen

CIP-Kurztitelaufnahme der Deutschen Bibliothek.
Ackermann, Jürgen: Abtastregelung: d. Entwurf robuster Regelungssysteme
J. Ackermann. - Berlin; Heidelberg; New York: Springer;
Bd. 2. Entwurf robuster Systeme. - 2. Aufl. - 1982.

ISBN-13: 978-3-642-93233-5   e-ISBN-13: 978-3-642-93232-8
DOI: 10.1007/978-3-642-93232-8

Vorwort

Gegenüber der ersten Auflage wurde dieses Buch grundlegend umge-
staltet und neu geschrieben. Bestimmend hierfür waren sowohl
didaktische Erfahrungen mit dem Stoff als auch neue Forschungsergebnisse. Ergänzend zu meinen Vorlesungen an der Technischen
Universität München und der University of Illinois habe ich eine
den Stoff begleitende Übungsserie entwickelt, die sich zur Moti-
vation der Studenten und zur Veranschaulichung und Vertiefung
des Stoffes als hilfreich erwiesen hat. Für das Beispiel einer
Verladebrücke werden die folgenden Aufgaben behandelt:

Mathematische Modellierung, Linearisierung,
Basistransformation zur Rechenvereinfachung,
Physikalische Parameter und Parameter kanonischer Darstellungen,
Eigenwerte, Stabilität,
Übertragungsfunktion,
Steuerbarkeit und Beobachtbarkeit,
Wahl der Meßgrößen und zugehörige beobachtbare Teilsysteme,
Stationäres Verhalten, Integralregler,
Wünschenswerte Lage der Eigenwerte,
Vollständige und teilweise Polverschiebung,
Diskretisierung, Wahl der Tastperiode,
z-Übertragungsfunktion,
Wurzelortskurven in der z-Ebene,
Berechnung des Lösungsverlaufs zu den Abtastzeitpunkten und
    dazwischen,
Nyquist-Ortskurve, Stabilitätsreserve,
Einfluß der Abtastung auf Steuerbarkeit und Beobachtbarkeit,
Zeitoptimale Steuerung und Regelung,
Ausgangsvektor-Rückführung,

Teilbeobachter für Pendel und Laufkatze,
Beobachter für endlichen Einschwingvorgang,
Störgrößenbeobachter,
Reduzierung der Reglerordnung,
Synthese durch Polynom-Gleichungen,
Vorfilterentwurf,
Störgrößenkompensation,
Polgebietsvorgabe,
Entwurf auf Robustheit gegenüber großen Änderungen der Last
und der Seillänge.

Diese Folge von Fragestellungen der Übungen stellt schon fast ein Inhaltsverzeichnis dar, wenn man die speziellen Probleme andersartiger Regelstrecken, etwa mit Totzeit oder mit mehreren Stellgrößen, an passender Stelle einfügt. Die Übungsserie hatte also wesentlichen Einfluß auf die Reihenfolge, in der der Stoff behandelt wird. Anders als in der ersten Auflage wird nun mit der Zustandsdarstellung begonnen und die z-Transformation wird beim Leser als bekannt vorausgesetzt. Dies wird auch dadurch nahegelegt, daß nicht nur an den beiden genannten Universitäten heute Einführungsvorlesungen in Transformationsmethoden angeboten werden, in denen die z-Transformation behandelt wird. Eine Vorlesung über Abtastregelungssysteme kann sich hier daher kürzer fassen. Zur einfachen Bezugnahme wurde die z-Transformation in den Anhang B genommen. Leser, denen die z-Transformation noch fremd ist, sollten diesen Anhang entweder vorab systematisch erarbeiten oder zumindest bei Bedarf ab Kapitel 3 die benötigten Sätze nachvollziehen. Im Hauptteil des Buches sind die Zustandsdarstellung und die z-Transformation inniger verwoben als das in der ersten Auflage der Fall war.

Die Kapitel über kanonische Formen und über Stabilitätskriterien wurden ebenfalls in Anhänge übernommen, da sie sich einerseits als Referenz für einen wichtigen Stoff bewährt haben, der sonst nur verstreut in der Literatur zu finden ist, andererseits aber wegen ihres mehr formalen Charakters nicht so sehr für eine vollständige Behandlung in einer Vorlesung geeignet sind.

Die zweite Auflage ist in zwei Bände aufgeteilt worden. Band I stellt in dem oben dargestellten Sinne eine Neubearbeitung des Stoffes der ersten Auflage dar. Band II bringt wesentliche neuere Forschungsergebnisse, insbesondere zum Entwurf von Regelungssystemen auf Robustheit gegenüber großen Parameteränderungen und Sensorausfall sowie zur Mehrgrößen-Abtastregelung. Ausführlich wird ein Flugregelungs-Beispiel behandelt. Band II ist auch als Ergänzungsband für Leser der ersten Auflage gedacht. Der Anfänger wird sich dagegen zunächst nur den Band I erarbeiten und kann die Anschaffung von Band II noch zurückstellen. Im Stichwortverzeichnis, das in beiden Bänden abgedruckt ist, sind die jeweiligen Seitenzahlen durch eine vorangestellte römische Ziffer als dem Band I oder II zugehörig gekennzeichnet.

Die Darstellungsweise ist weitgehend elementar, es werden keine besonderen mathematischen Kenntnisse vorausgesetzt, doch sollten Grundkenntnisse der Regelungstechnik, Laplace-Transformation und Matrizenrechnung beim Leser vorhanden sein. Numerische Aspekte der behandelten Verfahren werden nur angedeutet und es wird jeweils auf vertiefende Literatur hingewiesen. In zahlreichen Anmerkungen werden Ergänzungen des Stoffes gebracht, die zum Verständnis des folgenden Textes nicht erforderlich sind. Der Anfänger sollte die Anmerkungen besser beim ersten Lesen überspringen, um sich nicht auf Nebenwegen zu verlieren. Dem fortgeschrittenen Leser können sie hilfreich sein, um Querverbindungen zu anderen Fragestellungen oder Betrachtungsweisen zu erkennen oder um Spezialfälle, Verallgemeinerungen und ungelöste Probleme zu sehen.

Dieses Buch basiert auf den Arbeiten vieler Autoren, auf die mit Zahlen in eckigen Klammern hingewiesen wird. Die erste zweistellige Zahl bezeichnet das Erscheinungsjahr, die zweite Zahl bezeichnet die laufende Nummer im Literaturverzeichnis zu dem betreffenden Jahr. Das Literaturverzeichnis ist gleichlautend in beiden Bänden abgedruckt. Wo es mir bekannt war, habe ich auf die Originalarbeiten hingewiesen; ich bitte um Verständnis, daß mir das sicherlich nur unvollständig gelungen ist. Bei Bezugnahme auf Resultate aus Nachbargebieten habe ich versucht, auf gut lesbare und zugängliche Veröffentlichungen zu verweisen.

Bereits die erste Auflage dieses Buches ist aus einem Lehrgang
der Carl-Cranz-Gesellschaft heraus entstanden, der inzwischen
mehrfach wiederholt wurde. Ich möchte an dieser Stelle den Lehr-
gangsteilnehmern sowie den Hörern meiner Vorlesung für ihre zahlreichen Anregungen danken, die wesentlich zur Stoffzusammenstel-
lung und Art der Darstellung beigetragen haben. An der Konzeption
des Buches haben auch die Diskussionen und gemeinsamen Arbeiten
mit Fachkollegen wichtigen Anteil. Insbesondere danke ich den
Herren S.N. Franklin, D. Kaesbauer und K.P. Sondergeld für die
Zusammenarbeit bei den Problemen der robusten Regelung. Bei den
Herren R. Froriep und D. Kraft bedanke ich mich für zahlreiche Anregungen, die beim Korrekturlesen des Manuskripts entstanden sind.

Schließlich gilt mein Dank allen Damen und Herren, die bei der
DFVLR und beim Springer-Verlag mit der Herstellung des Buches be-
faßt waren. Ich möchte dabei besonders Frau Kieselbach und Frau
Ressemann für das Schreiben des Manuskripts und Frau Bell für das
Zeichnen der Bilder danken.

Oberpfaffenhofen   Jürgen Ackermann
Juli 1982

Inhaltsverzeichnis

Inhaltsübersicht

7 Geometrische Stabilitäts-Untersuchung und Polgebietsvorgabe

7.1 Stabilität

Die erste und wichtigste Forderung an ein Regelungssystem ist die
nach Stabilität des geschlossenen Kreises. In Abschnitt 3.2 wurde
bereits festgestellt, daß eine notwendige und hinreichende Bedingung für die asymptotische Stabilität eines diskreten rationalen
Systems ist, daß seine sämtlichen Eigenwerte dem Betrage nach
kleiner als Eins sind.

Der Regelkreis ist also genau dann stabil, wenn alle Nullstellen
des charakteristischen Polynoms des geschlossenen Kreises

$$P(z) = p_0 + p_1 z + \ldots + p_{n-1} z^{n-1} + z^n \tag{7.1.1}$$

im Einheitskreis liegen. Stabilitätskriterien, mit denen ein gegebenes Polynom auf diese Eigenschaft hin geprüft werden kann, werden im Anhang C angegeben, ebenso allgemeine Definitionen zur
Stabilität.

In der klassischen Regelungstechnik spielte die Stabilitätsuntersuchung eine zentrale Rolle beim Entwurf, da man mit Rücksicht
auf die verfügbaren Regler von sehr einfachen Strukturen ausgehen
mußte, mit denen sich nicht ohne weiteres Stabilität erreichen ließ.

Die Synthese mit Zustandsraum-Methoden hat gezeigt, daß jede Regelstrecke stabilisiert werden kann, sofern nur ihre instabilen Eigenwerte steuerbar und beobachtbar sind. Beobachter und Polvorgabe
liefern den Ansatz für eine Reglerstruktur, mit der die Eigenwerte
beliebig vorgegeben werden können. Da man sie selbstverständlich

stabil vorgibt, erübrigt sich eine Stabilitätsprüfung des geschlossenen Kreises. Für die genau bekannte, lineare Regelstrecke tritt damit das Stabilitätsproblem des Regelkreises völlig in den Hintergrund. Es behält jedoch seine zentrale Bedeutung, wenn man berücksichtigt, daß sich die Parameter der Regelstrecke ändern können und die Stellamplituden $|u|$ beschränkt sind.

Bei praktischen Regelungsaufgaben wird nicht eine exakte Lage aller Eigenwerte spezifiziert, man kann durchaus zulassen, daß sie sich in einem vorgegebenen Polgebiet Γ in der Eigenwert-Ebene bewegen. Durch diese Lockerung der Eigenwert-Spezifikation gewinnt man Spielraum, um andere Forderungen an das Regelungssystem zu erfüllen. Indem man alle Eigenwert-Konfigurationen in einem Gebiet Γ zuläßt, erhält man nicht mehr eine Lösung, z.B. einen Rückführvektor $\underline{k}'$, sondern ein Gebiet K_Γ, in dem K-Raum, in dem der Vektor $\underline{k}'$ lebt. Aus dieser zulässigen Lösungsmenge kann man sich dann eine bestimmte Lösung heraussuchen und dabei z.B. auf kleine Kreisverstärkungen, d.h. kleine Stellamplituden, und auf Robustheit gegenüber Parameterveränderungen achten.

Im siebten Kapitel wird die Polgebietsvorgabe ausführlich behandelt, und im achten Kapitel auf den Entwurf robuster Regelungssysteme angewendet. Leser, die an dieser Stelle noch nicht genügend motiviert sind für die geometrische Stabilitäts-Untersuchung, sollten zunächst Abschnitt 8.1 lesen.

7.2 Stabilitätsgebiete im P-Raum

Man kann die Koeffizienten des charakteristischen Polynoms
$P(z) = p_0 + p_1 z + \ldots + p_{n-1} z^{n-1} + z^n$ als Koordinaten eines n-dimensionalen Parameterraumes P auffassen. Mit anderen Worten: Man bildet den n-Vektor

$$\underline{p} = [p_0 \ p_1 \ \cdots \ p_{n-1}]' \tag{7.2.1}$$

Es ist dann

$$P(z) = [\underline{p}' \quad 1]\underline{z}_n \quad \text{mit} \quad \underline{z}_n = [1 \ z \ z^2 \ \ldots \ z^n]' \tag{7.2.2}$$

In dem Parameterraum P, in dem der Vektor $\underline{p}$ lebt, soll nun das
Stabilitätsgebiet bestimmt werden.

Wenn sich $\underline{p}$ stetig ändert, so ändern sich auch die Nullstellen z_i
des Polynoms

$$P(z) =[\underline{p}' \quad 1] \underline{z}_n = \prod_{i=1}^{n} (z-z_i) \qquad (7.2.3)$$

stetig. Es gibt dann drei Möglichkeiten, wie sie den Einheitskreis überschreiten können:

1. Bei $z= 1$, hier wird $P(1) = 0$. $\qquad (7.2.4)$
2. Bei $z= -1$, hier wird $P(-1)= 0$. $\qquad (7.2.5)$
3. Als konjugiert komplexes Eigenwertpaar $z = \tau \pm j\eta$,
   mit $\tau^2+\eta^2 = 1$. $P(z)$ enthält dann einen Faktor

$$(z-\tau-j\eta)(z-\tau+j\eta) = z^2-2\tau z+\tau^2+\eta^2 = z^2-2\tau z+1,$$

d.h. $P(z)$ kann geschrieben werden als

$$P(z)=(z^2-2\tau z+1)R(z) \quad , \quad R(z)=z^{n-2}+r_{n-3}z^{n-3}+\ldots+r_0 \quad (7.2.6)$$

Angenommen, das Restpolynom $R(z)$ sei fest, d.h. n-2 Eigenwerte werden festgehalten. Gl. (7.2.6) zeigt, daß $\underline{p}$ linear
in τ ist, das bedeutet, daß sich $\underline{p}$ entlang einer Geraden
im P-Raum bewegt, wenn sich die verbleibenden beiden Eigenwerte als konjugiert komplexes Paar auf dem Einheitskreis
bewegen. Für festes τ, d.h. festgehaltenes Polpaar auf dem
Einheitskreis, ist $\underline{p}$ linear in den n-2 Koeffizienten des
R-Polynoms, damit ergibt sich eine (n-2)-dimensionale Hyperebene. Wenn $R(z)$ beliebig und τ im Intervall [-1, +1] variieren, entsteht so die komplexe Grenzfläche c im Parameterraum P.

c und die beiden Hyperebenen $P(1)=0$ und $P(-1)=0$ teilen den
P-Raum in Parzellen auf. Bewegt sich $\underline{p}$ innerhalb einer Parzelle,
so bewegen sich die Eigenwerte in der z-Ebene ohne den Einheitskreis zu überschreiten. Um zu prüfen, welche Eigenwertlage rela-

4

tiv zum Einheitskreis einer Parzelle entspricht, kann man z.B.
einen beliebigen Punkt in der Parzelle wählen und die Nullstellen des zugehörigen Polynoms bestimmen. Ihre Lage relativ zum
Einheitskreis gilt dann für die gesamte Parzelle.

Von besonderem Interesse ist die Parzelle, für die alle Eigenwerte
im Einheitskreis liegen, wir nennen sie das "Stabilitätsgebiet im
P-Raum". Mit den Nullstellen sind auch die Koeffizienten $\underline{p}$ des
Polynoms beschränkt, d.h. das Stabilitätsgebiet ist beschränkt.
Zieht man den Einheitskreis stetig zum Punkt z = 0 zusammen, so
zieht sich die entsprechende Parzelle im P-Raum stetig zum Punkt
$\underline{p}$ = $\underline{0}$ zusammen. Das Stabilitätsgebiet läßt sich also in den deadbeat-Punkt zusammenziehen. Insbesondere ist es zusammenhängend und
es enthält keine instabilen Inseln (Enklaven). In allen anderen
Parzellen liegt mindestens ein Eigenwert z_j außerhalb des Einheitskreises, der gegen Unendlich gehen kann, ohne daß sich die relative Lage der Eigenwerte zum Einheitskreis ändert. Dabei geht auch
mindestens eine Komponente von $\underline{p}$ gegen Unendlich, wie sich aus
Gl. (7.2.3) ergibt. Das bedeutet, daß auch die zugehörige Parzelle
im P-Raum nicht beschränkt ist. Das Stabilitätsgebiet ist also die
einzige beschränkte Parzelle.

Für n = 2 und n = 3 lassen sich diese Stabilitätsgebiete noch anschaulich zeigen.

Fall n = 2:
Die beiden reellen Grenzflächen sind die Geraden
$$P(1) \quad = p_0 + p_1 + 1 = 0$$
$$P(-1) \quad = p_0 - p_1 + 1 = 0$$

siehe Bild 7.1. Da in Gl. (7.2.6) kein Restpolynom auftritt,
d.h. R(z) = 1, P(z) = $z^2 - 2\tau z + 1$, verbleibt als komplexe Grenze
die Strecke

$$\underline{p}' = [1 \quad -2\tau] \quad , \quad -1 \leq \tau \leq 1 \tag{7.2.7}$$

in Bild 7.1 als c bezeichnet.

Wenn $\underline{p}$ die Gerade P(1) = 0 überquert, dann überschreitet ein
Pol·den Einheitskreis bei z = 1, entsprechend bei P(-1) = 0 und

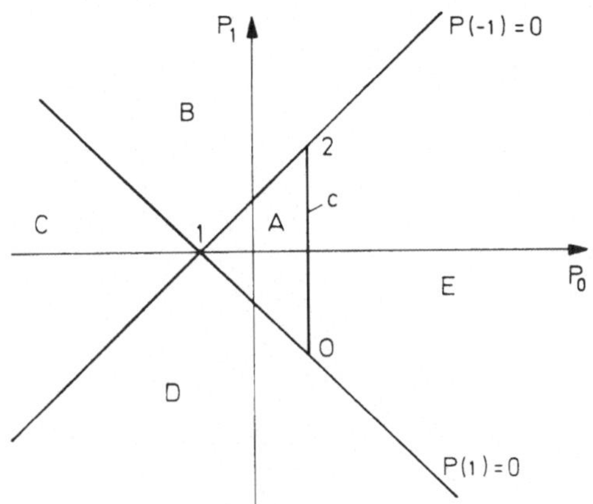

Bild 7.1: Parzellierung der Polynomkoeffizientenebene für n = 2

z = -1. Wenn $\underline{p}$ die Grenze c überschreitet, dann verläßt ein komplexes Polpaar den Einheitskreis.

Der Punkt O in Bild 7.1 ist c und P(1) = O gemeinsam, hier tritt
ein doppelter Pol bei z = 1 auf, das Polynom ist

$$P_o(z) = (z-1)^2 = z^2 - 2 + 1 \quad , \quad \underline{p}_o' = [1 \quad -2]$$

Entsprechend ist

$$P_1(z) = (z-1)(z+1) = z^2 - 1 \; , \quad \underline{p}_1' = [-1 \quad 0] \qquad\qquad (7.2.8)$$

$$P_2(z) = (z+1)^2 = z^2 + 2z + 1 \; , \quad \underline{p}_2' = [\; 1 \quad 2]$$

Die beiden Geraden P(1) = O und P(-1) = O und die Strecke c
unterteilen die P-Ebene in die folgenden 5 Parzellen
(EW = Eigenwert, EK = Einheitskreis).

A: Beide EW im EK
B: Ein EW im EK, einer links davon
C: Ein EW links, einer rechts vom EK   EW reell
D: Ein EW im EK, einer rechts davon
E: Beide EW außerhalb, entweder als komplexes Paar oder beide
      links oder beide rechts. (Man beachte, daß diese Fälle durch
      stetige Änderung ineinander überführbar sind, ohne daß der
      Einheitskreis überschritten wird.)

Fall $n = 3$:
Die beiden reellen Grenzflächen sind die Ebenen

$$P(1) = p_0 + p_1 + p_2 + 1 = 0$$
$$P(-1) = p_0 - p_1 + p_2 - 1 = 0$$

Gl. (7.2.6) lautet hier

$$P(z) = (z^2 - 2\tau z + 1)(z+r) = z^3 + (r - 2\tau)z^2 + (1 - 2r\tau)z + r$$

$$\underline{p}' = [r \quad 1 - 2r\tau \quad r - 2\tau] \quad , \quad -1 \leq \tau \leq 1 \tag{7.2.9}$$

Für konstantes r ergibt sich die lineare Beziehung

$$\underline{p} = \begin{bmatrix} p_0 \\ p_1 \\ p_2 \end{bmatrix} = \begin{bmatrix} r \\ 1 \\ r \end{bmatrix} + \begin{bmatrix} 0 \\ -2r \\ -2 \end{bmatrix} \tau = \underline{r}_0 + \underline{r}_1 \tau \tag{7.2.10}$$

Für konstantes τ erhält man ebenfalls eine lineare Beziehung

$$\underline{p} = \begin{bmatrix} p_0 \\ p_1 \\ p_2 \end{bmatrix} = \begin{bmatrix} 0 \\ 1 \\ -2\tau \end{bmatrix} + \begin{bmatrix} 1 \\ -2\tau \\ 1 \end{bmatrix} r = \underline{s}_0 + \underline{s}_1 r \tag{7.2.11}$$

Die komplexe Grenzfläche enthält damit diese beiden Geradenscharen.

In Bild 7.2 ist nur das Stabilitätsgebiet dargestellt. Es wird begrenzt durch

a) das Dreieck 012, das in der Ebene $P(1) = 0$ liegt,
b) das Dreieck 123, das in der Ebene $P(-1) = 0$ liegt,
c) die komplexe Grenzfläche nach Gl. (7.2.9) mit $|r| \leq 1$, $|\tau| \leq 1$.

Die Ecken des Stabilitätsgebietes entsprechen den vier Polynomen mit Nullstellen in $\{-1, +1\}$. Sie sind wieder so numeriert, daß $P_i(z) = (z+1)^i (z-1)^{n-i}$.

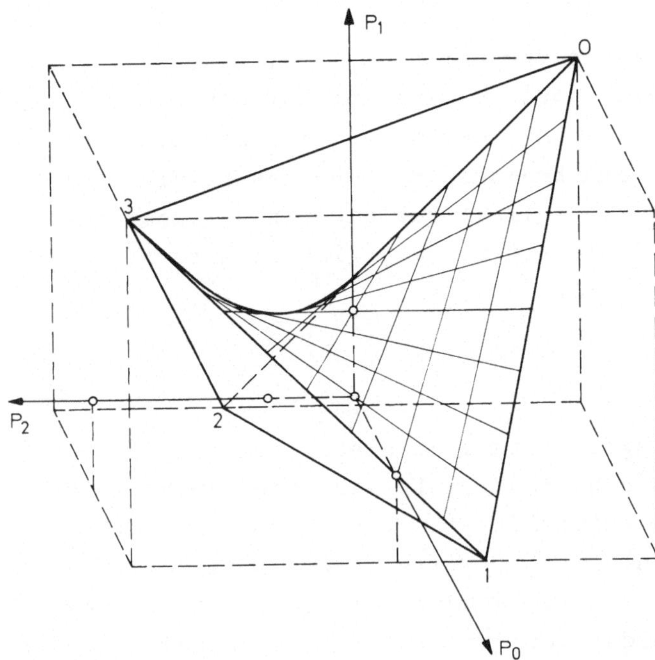

Bild 7.2 Stabilitätsgebiet im Polynomkoeffizentenraum für n = 3

Es ist also

$$\underline{p}_0' = [-1 \quad 3 \quad -3]$$
$$\underline{p}_1' = [\ 1 \quad -1 \quad -1]$$
$$\underline{p}_2' = [-1 \quad -1 \quad 1]$$
$$\underline{p}_3' = [\ 1 \quad 3 \quad 3] \tag{7.2.12}$$

Bewegt sich $\underline{p}$ auf einer Kante von der Ecke i zur Ecke i+1, so
wandert ein reeller Eigenwert von $z = +1$ nach $z = -1$, während
die übrigen Eigenwerte bei $z = -1$ bzw. $z = +1$ verbleiben. Z.B.
auf der Kante 12 liegt je ein Eigenwert bei $z = -1$ und $z = +1$
und ein reeller dazwischen.

8

Bewegt sich $\underline{p}$ auf einer Kante von der Ecke i zur Ecke i+2, so
bewegt sich ein konjugiert komplexes Polpaar auf dem Einheitskreis von z = +1 nach z = -1. Auf der Kante 13 liegt z.B. ein
Eigenwert bei z = -1 und ein konjugiert komplexes Polpaar auf
dem Einheitskreis. Diese Kante liegt zugleich in der komplexen
Grenzfläche nach Gl. (7.2.9). Mit r = 1 ergibt sich dort
$p_0 = 1$, $p_1 = 1-2\tau$, $p_2 = 1-2\tau$, $-1 \leq \tau \leq 1$.

Anmerkung 7.1:

> Es mag hier naheliegen, τ zu eliminieren, um die Gerade
> $p_0 = 1$, $p_2 = p_1$ zu erhalten. Damit geht aber auch die Be-
> schränkung auf das Intervall $-1 \leq \tau \leq 1$, d.h. auf die
> Strecke 13 verloren. Für $|\tau| > 1$ sind die Nullstellen von
> $z^2 - 2\tau z + 1$ reell und zueinander reziprok, d.h. z_1 und
> $1/z_1$, und liegen nicht auf der Stabilitätsgrenze. Teil der
> komplexen Grenzfläche ist also nur die Strecke 13.

Für jeden konstanten Wert von r im Intervall $[-1, +1]$ ergibt
sich aus Gl. (7.2.10) eine Strecke von einem Punkt auf 01 zu
einem Punkt auf 23. Man kann sich die komplexe Grenzfläche also entstanden denken durch Bewegung einer Strecke. Zeichnerisch
kann man sie konstruieren, indem man 01 und 23 jeweils gleichmäßig unterteilt durch die gleiche Anzahl von Punkten und die
einander entsprechenden Punkte durch Strecken verbindet. Die
so entstehende Fläche ist ein "hyperbolisches Paraboloid". Sie
enthält noch die zweite Geradenschar nach Gl. (7.2.11), die sich
bei festem τ für variables r ergibt und entsprechende Punkte auf
02 und 13 verbindet. Diese Geraden erstrecken sich als komplexe
Grenzfläche bis ins Unendliche, in Bild 7.2 ist jedoch nur der
Teil für $-1 \leq r \leq 1$ gezeichnet, der das Stabilitätsgebiet begrenzt, da die weitere Parzellierung des instabilen Gebiets nicht
so sehr von Interesse ist.

Anmerkung 7.2:

> In der Differantialgeometrie werden Flächen, die durch Bewe-
> gung einer Geraden erzeugt werden (z.B. Kegel, Zylinder,

hyperbolisches Paraboloid) als "Regelflächen" bezeichnet. Wir vermeiden diesen Ausdruck jedoch hier, da er in einem regelungstechnischen Buch verwirren könnte.

Die komplexe Grenzfläche hat einen Sattelpunkt bei $\underline{p}$ = [0 1 0], das Stabilitätsgebiet liegt in Bild 7.2 unterhalb der Sattelfläche. Legt man durch diesen Sattelpunkt eine Parallele zu der Verbindungslinie 03, siehe Bild 7.2, so schneidet diese die Fläche P(1) = 0 im Punkt $\bar{0}$ und die Fläche P(-1) = 0 im Punkt $\bar{3}$. Das Tetraeder $\bar{0}12\bar{3}$ ist ganz im Stabilitätsgebiet enthalten. Eine hinreichende Stabilitätsbedingung ist also, daß $\underline{p}$ in dem Tetraeder mit den Ecken

$$
\begin{aligned}
\underline{p}'_{\bar{0}} &= \quad [-0,5 \quad\quad 1 \quad\quad -1,5] \\
\underline{p}'_{1} &= \quad [\ 1 \quad\quad -1 \quad\quad -1\ ] \\
\underline{p}'_{2} &= \quad [-1 \quad\quad -1 \quad\quad 1\ ] \\
\underline{p}'_{\bar{3}} &= \quad [\ 0,5 \quad\quad 1 \quad\quad 1,5]
\end{aligned}
\tag{7.2.13}
$$

liegt. Noch einfacher ist die Bestimmung einer notwendigen Stabilitätsbedingung. Offensichtlich ist nämlich das Tetraeder 0123 mit den in Gl. (7.2.12) angegebenen Eck-Koordinaten konvexe Hülle des Stabilitätsgebiets. (Die konvexe Hülle einer Punktmenge M erhält man, indem man zu M sämtliche Strecken hinzunimmt, deren Anfangs- und Endpunkte in M oder auf dem Rand von M liegen.) Im folgenden Abschnitt 7.3 wird gezeigt, wie diese anschaulichen Bedingungen, daß $\underline{p}$ in einem Tetraeder liegt, das konvexe Hülle des Stabilitätsgebiets ist, durch Einführung baryzentrischer Koordinaten algebraisch behandelt werden können.

Die Eigenschaft, daß ein einfach zu beschreibendes Polyeder konvexe Hülle des Stabilitätsgebiets ist, läßt sich auf n > 3 verallgemeinern, wie von Fam und Meditch [78.1] gezeigt wurde: Konvexe Hülle des Stabilitätsgebiets ist ein Polyeder, dessen Ecken den n + 1 Polynomen

$$
P_i(z) = (z+1)^i (z-1)^{n-i} \ , \ i = 0,1,2\ldots n \tag{7.2.14}
$$

entsprechen. Damit lassen sich notwendige Stabilitätsbedingungen algebraisch formulieren, wie in Abschnitt 7.3 gezeigt wird.

Die komplexe Grenzfläche c kann algebraisch wie folgt charakterisiert werden: Auf c ist

$$\prod_{\substack{i<j}}^{1\ldots n} (1 - z_i z_j) = 0 \quad , \tag{7.2.15}$$

da bei konjugiert komplexen Eigenwerten z_i, $z_i^\ast$ Gl. (7.2.15) den Faktor $(1 - z_i z_i^\ast) = (1 - |z_i|^2)$ enthält, der für z_i auf dem Einheitskreis verschwindet. Man beachte allerdings, daß der Ausdruck (7.2.15) auch für zwei zueinander reziproke Eigenwerte z_i und $1/z_i$ verschwindet, die nicht auf der Stabilitätsgrenze liegen.

Wie Jury [63.4] gezeigt hat, ist

$$\prod_{\substack{i<j}}^{1\ldots n} (1 - z_i z_j) = \det (\underline{X} - \underline{Y}) \tag{7.2.16}$$

mit den $(n-1) \cdot (n-1)$ Matrizen

$$\underline{X} = \begin{bmatrix} 1 & p_{n-1} & \cdots & p_2 \\ 0 & 1 & & \\ & & \ddots & \\ & & & 1 & p_{n-1} \\ 0 & \cdots & 0 & 1 \end{bmatrix} \qquad \underline{Y} = \begin{bmatrix} 0 & \cdots & 0 & p_0 \\ & & p_0 & p_1 \\ & & \ddots & \\ 0 & p_0 & & \\ p_0 & p_1 & \cdots & p_{n-2} \end{bmatrix}$$

Die drei Bedingungen

$$P(1) > 0$$
$$(-1)^n P(-1) > 0 \tag{7.2.17}$$
$$\det(\underline{X}-\underline{Y}) > 0$$

werden als "kritische Stabilitätsbedingungen" bezeichnet, durch die alle Grenzen im P-Raum bestimmt sind. Die Prüfung der drei Ungleichungen reicht jedoch nicht für die Entscheidung aus, welche der entstehenden Parzellen das Stabilitätsgebiet ist. Hierzu müssen auch die anderen Bedingungen des Schur-Cohn-Kriteriums, z.B. in der von Jury angegebenen Determinantenform, siehe (C.2.19), geprüft werden.

Die Fläche $\det(\underline{X} - \underline{Y}) = 0$ enthält offenbar die komplexe Grenzfläche c. c endet jedoch auf den Hyperebenen $P(1) = 0$ und $P(-1) = 0$. Beim Schnitt mit diesen Hyperebenen tritt ein doppelter Eigenwert bei $z = 1$ bzw. $z = -1$ auf, d.h. mit $P'(z) = dP(z)/dz$ ist

$$P'(1) = 0 \quad bzw. \quad P'(-1) = 0 \tag{7.2.18}$$

Damit ist

$$c = \{\underline{p}\mid [\det(\underline{X}-\underline{Y}) = 0] \ , \ [P'(1) \geq 0] \ , \ [(-1)^{n+1} P'(-1) \geq 0]\} \tag{7.2.19}$$

z.B. für $n = 2$

$$c = \{\underline{p}\mid [1-p_0 = 0] \ , \ [p_1 + 2 \geq 0] \ , \ [- p_1 + 2 \geq 0]\}$$

$$c = \{\underline{p}\mid p_0 = 1 \ , \ -2 \leq p_1 \leq 2\}$$

siehe Bild 7.1.

Und für $n = 3$

$$\det(\underline{X} - \underline{Y}) = \begin{vmatrix} 1 & p_2 - p_0 \\ & \\ p_0 & 1-p_1 \end{vmatrix} = 1 - p_1 - p_0 p_2 + p_0^2 = 0 \tag{7.2.20}$$

$$c = \{\underline{p}\mid [1-p_1-p_0 p_2 + p_0^2 = 0] \ , \ [p_1 + 2p_2 + 3 \geq 0] \ , \ [p_1 - 2p_2 + 3 \geq 0]\}$$

7.3 Baryzentrische Koordinaten, bilineare Abbildung

Die Bedingung, daß $\underline{p}$ in dem Polyeder gemäß Gl. (7.2.14) liegen muß, läßt sich einfach durch Transformation auf baryzentrische Koordinaten prüfen.

Die $n + 1$ Ecken des Polyeders sind unabhängig, d.h. die Vektoren $\underline{p}_1 - \underline{p}_0, \ \underline{p}_2 - \underline{p}_0 \ \cdots \ \underline{p}_n - \underline{p}_0$ sind linear unabhängig. Daher kann jeder Vektor $\underline{p}$ eindeutig ausgedrückt werden als

$$\underline{p} = \sum_{i=0}^{n} \mu_i \, \underline{p}_i \qquad\qquad (7.3.1)$$

mit

$$\sum_{i=0}^{n} \mu_i = 1 \qquad\qquad (7.3.2)$$

Die Gl. (7.3.1) kann man sich so veranschaulichen, daß die Ecke i des Polyeders mit der Masse μ_i belegt wird und dadurch $\underline{p}$ zum Schwerpunkt gemacht wird. Diese Prozedur wird eindeutig, wenn die Teilmassen sich gemäß Gl. (7.3.2) zur Einheitsmasse summieren. Die μ_i werden deshalb "Schwerpunktskoordinaten" oder "baryzentrische Koordinaten" genannt. $\underline{p}$ liegt genau dann im Polyeder, wenn alle Massen μ_i positiv sind. Das Innere des Polyeders ist ein n-dimensionaler Simplex. Er ist dadurch charakterisiert, daß die baryzentrischen Koordinaten positiv sind.

Die Gln. (7.3.1) und (7.3.2) können geschrieben werden als

$$[\underline{p}' \quad 1] = [\mu_0 \quad \mu_1 \quad \cdots \quad \mu_n] \begin{bmatrix} \underline{p}_0' & 1 \\ \underline{p}_1' & 1 \\ \vdots & \vdots \\ \underline{p}_n' & 1 \end{bmatrix} \qquad\qquad (7.3.3)$$

kurz

$$[\underline{p}' \quad 1] = \underline{\mu}' \, \underline{P}_n \qquad\qquad (7.3.4)$$

$\underline{p}$ liegt genau dann im Simplex, wenn

$$\underline{\mu}' = [\underline{p}' \quad 1] \, \underline{P}_n^{-1} < \underline{0}' \qquad\qquad (7.3.5)$$

d.h. wenn alle Elemente des Vektors $\underline{\mu}$ positiv sind. Da der Simplex die konvexe Hülle des Stabilitätsgebiets ist, sind dies die strengsten notwendigen Stabilitätsbedingungen, die sich als lineare Ungleichungen ausdrücken lassen. Sie schließen das Stabilitätsgebiet nach allen Seiten hin ein.

Beispiele:

n = 2   Mit Gl.(7.2.8) ist

$$\underline{\mu}' = [p_0 \quad p_1 \quad 1] \begin{bmatrix} 1 & -2 & 1 \\ -1 & 0 & 1 \\ 1 & 2 & 1 \end{bmatrix}^{-1}$$

$$= \frac{1}{4} [p_0 \quad p_1 \quad 1] \begin{bmatrix} 1 & -2 & 1 \\ -1 & 0 & 1 \\ 1 & 2 & 1 \end{bmatrix}$$

Notwendige und in diesem Fall zugleich hinreichende Stabilitätsbedingung ist

$$\begin{aligned}
p_0 - p_1 + 1 &> 0 \\
-p_0 + 1 &> 0 \\
p_0 + p_1 + 1 &> 0
\end{aligned} \qquad (7.3.6)$$

n = 3

a) hinreichende Stabilitätsbedingung gemäß Gl.(7.2.13)

$$\underline{\mu}' = [p_0 \quad p_1 \quad p_2 \quad 1] \begin{bmatrix} -0,5 & 1 & -1,5 & 1 \\ 1 & -1 & -1 & 1 \\ -1 & -1 & 1 & 1 \\ 0,5 & 1 & 1,5 & 1 \end{bmatrix}^{-1}$$

$$\underline{\mu}' = \frac{1}{8} [p_0 \quad p_1 \quad p_2 \quad 1] \begin{bmatrix} -2 & 3 & -3 & 2 \\ 2 & -2 & -2 & 2 \\ -2 & -1 & 1 & 2 \\ 2 & 2 & 2 & 2 \end{bmatrix}$$

$$\begin{aligned}
-p_0 + p_1 - p_2 + 1 &> 0 \\
3p_0 - 2p_1 - p_2 + 2 &> 0 \\
-3p_0 - 2p_1 + p_2 + 2 &> 0 \\
p_0 + p_1 + p_2 + 1 &> 0
\end{aligned} \qquad (7.3.7a)$$

oder zusammengefaßt

$$|p_0 + p_2| - 1 \; < \; p_1 \; < \; 0,5 \; | \; 3p_0 - p_2 | + 1 \qquad (7.3.7b)$$

b) Notwendige Stabilitätsbedingung gemäß Gl.(7.2.12)

$$\underline{\mu}' = [p_0 \quad p_1 \quad p_2 \quad 1] \begin{bmatrix} -1 & 3 & -3 & 1 \\ 1 & -1 & -1 & 1 \\ -1 & -1 & 1 & 1 \\ 1 & 3 & 3 & 1 \end{bmatrix}^{-1}$$

$$= \frac{1}{8} [p_0 \quad p_1 \quad p_2 \quad 1] \begin{bmatrix} -1 & 3 & -3 & 1 \\ 1 & -1 & -1 & 1 \\ -1 & -1 & 1 & 1 \\ 1 & 3 & 3 & 1 \end{bmatrix}$$

$$\begin{aligned}
-p_0 + p_1 - p_2 + 1 &> 0 \\
3p_0 - p_1 - p_2 + 3 &> 0 \\
-3p_0 - p_1 + p_2 + 3 &> 0 \\
p_0 + p_1 + p_2 + 1 &> 0
\end{aligned} \qquad (7.3.8a)$$

oder zusammengefaßt

$$|p_0 + p_2| - 1 < p_1 < 3 + | \; 3 \, p_0 - p_2 | \qquad (7.3.8b)$$

Bei den notwendigen Bedingungen, die sich aus dem einhüllenden Polyeder ergeben, ist die Matrix $\underline{P}_n$ aufgrund ihres speziellen Aufbaus idempotent, siehe z.B. [69.10], d.h.

$$\underline{P}_n^2 = 2^n \underline{I}_n \quad \text{d.h. } \underline{P}_n^{-1} = \frac{1}{2^n} \underline{P} \qquad (7.3.9)$$

Damit kann die Inversion in Gl. (7.3.5) vermieden werden, es ist

$$\underline{\mu}' = \frac{1}{2^n} [\underline{p}' \quad 1] \, \underline{P}_n \qquad (7.3.10)$$

Beispiel:

> Notwendige Stabilitätsbedingung für n = 4 nach den
> Gln. (7.2.14), (7.3.3) und (7.3.10)

$$[\underline{p}' \quad 1] \ \underline{P}_n = [p_0 \quad p_1 \quad p_2 \quad p_3 \quad 1] \begin{bmatrix} 1 & -4 & 6 & -4 & 1 \\ -1 & 2 & 0 & -2 & 1 \\ 1 & 0 & -2 & 0 & 1 \\ -1 & -2 & 0 & 2 & 1 \\ 1 & 4 & 6 & 4 & 1 \end{bmatrix}$$

$$
\begin{aligned}
p_0 - p_1 + p_2 - p_3 + 1 &> 0 \\
-2p_0 + p_1 \quad - p_3 + 2 &> 0 \\
3p_0 \quad - p_2 \quad + 3 &> 0 \\
-2p_0 - p_1 \quad + p_3 + 2 &> 0 \\
p_0 + p_1 + p_2 + p_3 + 1 &> 0
\end{aligned}
\qquad (7.3.11)
$$

Anmerkung 7.3

> Die Verallgemeinerung der hinreichenden Bedingung nach
> Gl. (7.3.7) für n > 3 ist eine noch offene Frage.

Die Transformation von $\underline{p}$ auf baryzentrische Koordinaten $\underline{\mu}$ über
Gl. (7.3.4) kann auch als konforme Abbildung des Einheitskreises
der z-Ebene in die komplexe w-Ebene über die bilineare Transformation

$$w: = \frac{z+1}{z-1} \quad , \quad z = \frac{w+1}{w-1} \qquad (7.3.12)$$

interpretiert werden. Dies läßt sich wie folgt zeigen:

Multipliziert man beide Seiten von Gl. (7.3.4) mit

$$\underline{z}_n = [1 \quad z \quad z^2 \ \dots \ z^n]' \ , \ \text{so ergibt sich}$$

$$P(z) = [\underline{p}' \quad 1] \ \underline{z}_n = \underline{\mu}' \ \underline{P}_n \ \underline{z}_n \ = \ \sum_{i=0}^{n} \mu_i \ P_i(z) \qquad (7.3.13)$$

Darin wird Gl.(7.2.14) eingesetzt

$$P(z) = \mu_0 (z-1)^n + \mu_1 (z+1)(z-1)^{n-1} + \ldots + \mu_n (z+1)^n \qquad (7.3.14)$$

$$\frac{P(z)}{(z-1)^n} = \mu_0 + \mu_1 \frac{z+1}{z-1} + \ldots + \mu_n \left(\frac{z+1}{z-1}\right)^n$$

und mit Gl.(7.3.12)

$$M(w) = \left(\frac{w-1}{2}\right)^n P\left(\frac{w+1}{w-1}\right) = \mu_0 + \mu_1 w + \ldots + \mu_n w^n = \underline{\mu}' \underline{w}_n \qquad (7.3.15)$$

Auf die gleiche Beziehung wird man geführt, wenn man Gl. (7.3.10) von rechts mit $\underline{w}_n = [1 \ w \ \ldots \ w^n]'$ multipliziert. Das Innere des Einheitskreises der z-Ebene wird über Gl. (7.3.12) auf die linke w-Halbebene abgebildet. Die Nullstellen von P(z) liegen also genau dann im Einheitskreis, wenn M(w) ein Hurwitz-Polynom ist. Damit können nicht nur die notwendigen Bedingungen $\mu_i > 0$, i = 0,1,2 ...n, sondern die notwendigen und hinreichenden Hurwitz-Bedingungen, z.B. in der von Lienard-Chipart angegebenen Form angewendet werden, siehe Anhang C.2.

Anmerkung 7.4

G1. (7.3.14) kann auch in der folgenden Form geschrieben werden

$$\frac{P(z)}{(z+1)^n} = \mu_0 \left(\frac{z-1}{z+1}\right)^n + \mu_1 \left(\frac{z-1}{z+1}\right)^{n-1} + \ldots + \mu_n$$

Darin wird die komplexe Variable

$$v := \frac{z-1}{z+1} = \frac{1}{w} \ , \qquad z = \frac{1+v}{1-v} \qquad (7.3.16)$$

eingeführt. Es muß also

$$Q(v) = \mu_0 v^n + \mu_1 v^{n-1} + \ldots + \mu_n \qquad (7.3.17)$$

untersucht werden. Es ist genau dann ein Hurwitz-Polynom,
wenn dies auch für M(w) nach Gl. (7.3.15) gilt, da die
linke w-Halbebene durch v = 1/w auf die linke v-Halbebene
abgebildet wird.

Skaliert man v zusätzlich noch gemäß

$$q = \frac{2}{T} v = \frac{2}{T} \frac{z-1}{z+1} \qquad (7.3.18)$$

so erhält man in der Umgebung von q = 0 eine Näherung für
die Umgebung von s = 0. Diese Näherung wurde bereits in
Gl. (3.9.41) für die Erzeugung von Bode-Diagrammen benutzt.

Die komplexe Grenze Einheitskreis wird bei der Transformation auf
baryzentrische Koordinaten über Gl. (7.3.12) auf die imaginäre
Achse der w-Ebene abgebildet. Die komplexe Grenzfläche c kann
damit durch die Formel von Orlando [1911], [65.3] beschrieben
werden:

$$\Delta_{n-1} = (-1)^{\frac{n(n-1)}{2}} \cdot \mu_n^{n-1} \prod_{i<k}^{1\ldots n} (w_i + w_k) \qquad (7.3.19)$$

wobei Δ_{n-1} die (n-1) $\cdot$ (n-1) Hurwitz-Determinante

$$\Delta_{n-1}: = \begin{vmatrix} \mu_{n-1} & \mu_{n-3} & \mu_{n-5} & & & \\ \mu_n & \mu_{n-2} & \mu_{n-4} & & & \\ 0 & \mu_{n-1} & \mu_{n-3} & & & \\ 0 & \mu_n & \mu_{n-2} & \mu_{n-4} & & \\ \vdots & & & & \ddots & \\ 0 & & & & & \mu_1 \end{vmatrix}$$

$$(7.3.20)$$

gemäß Gl. (C.2.4) ist und w_i, w_k Nullstellen des Polynoms M(w)
sind. Δ_{n-1} verschwindet für konjugiert imaginäre Nullstellen von
M(w), da dann ein Faktor $w_i + w_k$ zu Null wird. Bei Stabilität
ist $\Delta_{n-1} > 0$. Die Fläche $\Delta_{n-1} = 0$ enthält zwar die Stabilitätsgrenze, darüberhinaus ist aber auch der Fall zum Nullpunkt symme-
trischer Nullstellen $w_i = -w_k$ enthalten.

Z.B. ist für n = 3 die komplexe Grenzfläche enthalten in der
Fläche

$$\Delta_2 = \begin{vmatrix} \mu_1 & \mu_3 \\ \mu_0 & \mu_2 \end{vmatrix} = 0 \qquad (7.3.21)$$

was Gl. (7.2.20) entspricht. D.h. wenn der Schwerpunkt des
Tetraeders in Bild 7.2 auf dem hyperbolischen Paraboloid liegt,
dann verschwindet die Determinante der baryzentrischen Koordinaten. Auf der stabilen Seite ist $\Delta_2 > 0$.

Für n = 4 lauten die Lienard-Chipart-Bedingungen nach Gl. (C.2.7).
$\mu_0 > 0$, $\mu_2 > 0$, $\mu_4 > 0$, $\Delta_1 = \mu_1 > 0$

$$\Delta_3 = \begin{vmatrix} \mu_1 & \mu_3 & 0 \\ \mu_0 & \mu_2 & \mu_4 \\ 0 & \mu_1 & \mu_3 \end{vmatrix} > 0 \qquad (7.3.22)$$

und für n = 5 nach Gl. (C.2.8)

$\mu_0 > 0$, $\mu_2 > 0$, $\mu_4 > 0$

$$\Delta_4 = \begin{vmatrix} \mu_1 & \mu_3 & \mu_5 & 0 \\ \mu_0 & \mu_2 & \mu_4 & 0 \\ 0 & \mu_1 & \mu_3 & \mu_5 \\ 0 & \mu_0 & \mu_2 & \mu_4 \end{vmatrix} > 0 \qquad (7.3.23)$$

$$\Delta_2 = \begin{vmatrix} \mu_1 & \mu_3 \\ \mu_0 & \mu_2 \end{vmatrix} > 0 \qquad (7.3.24)$$

Die komplexe Grenze ist in $\Delta_4 = 0$ enthalten. $\Delta_2 = 0$ liefert
keinen zusätzlichen Teil der Stabilitätsgrenze. Die Bedingung

$\Delta_2 > 0$ dient nur zur Entscheidung, welche der entstehenden Parzellen das Stabilitätsgebiet ist.

Beispiel:

$$M(w) = (w^2 + \varepsilon w + 1) \, (w^2 + \varepsilon w + 4) \, (w + 1)$$

$$= 4 + (5\varepsilon + 4)w + (\varepsilon^2 + 5\varepsilon + 5)w^2 + (\varepsilon^2 + 2\varepsilon + 5)w^3 + (1 + 2\varepsilon)w^4 + w^5$$

Die Umgebung von $\varepsilon = 0$ liegt im einhüllenden Polyeder des Polynoms $(z-1)^5 M[(z+1)/(z-1)]$, da alle $\mu_i > 0$. Bei $\varepsilon = 0$ überqueren 4 Eigenwerte die komplexe Stabilitätsgrenze, d.h. die komplexe Grenzfläche schneidet sich selbst. Δ_4 hat eine doppelte Nullstelle, ändert also das Vorzeichen nicht und nur der Vorzeichenwechsel von Δ_2 erlaubt die Entscheidung, daß $M(w)$ nur für $\varepsilon > 0$ ein Hurwitz-Polynom ist.

Die Frage, welche Parzelle das Stabilitätsgebiet ist, kann auch auf andere Weise entschieden werden. Wir hatten bereits festgestellt, daß das Stabilitätsgebiet die einzige beschränkte Parzelle ist. Außerdem grenzt es an die Polyederkanten mit einer Ecknummern-Differenz eins oder zwei. Auf diesen Kanten bewegt sich ein reeller Pol bzw. ein komplexes Polpaar auf dem Einheitskreis zwischen $z = +1$ und $z = -1$. Alle Polyederkanten mit einer Ecknummern-Differenz $m > 2$ verlassen dagegen das Stabilitätsgebiet, da sich auf diesen Kanten m Eigenwerte entlang der Wurzelortskurve $(z-1)^m + K \cdot (z+1)^m = 0$ bewegen. Diese Wurzelortskurven sind Geraden und Kreisbögen, deren Tangenten bei $z = +1$ und $z = -1$ Winkel von $180^\circ/m$ miteinander bilden.

7.4 Schöne Stabilität

Bereits bei dem Entwurf mit Wurzelortskurven in Abschnitt 3.5 stellte sich die Frage, wohin die Eigenwerte eines Regelkreises gelegt werden sollen, um eine kurze Einschwingzeit und genügende Dämpfung der höherfrequenten Teilschwingungen zu erreichen. Es

ergab sich das in Bild 3.11 dargestellte Gebiet. Da dies keine
strenge Regel ist, sondern mehr ein nützlicher Anhaltspunkt für
die Auslegung eines Regelsystems, das häufig erst anhand der
Sprungantwort beurteilt wird, kann man das gewünschte Gebiet Γ
auch anders definieren durch eine einfacher zu behandelnde
komplexe Grenzkurve $\delta\Gamma$. Es gibt auch Fälle, in denen das Eigen-
wert-Gebiet vorgeschrieben ist, etwa in Form der Spezifikationen
für Dämpfung und Mindest- und Maximalwert der natürlichen Frequenz bei der Flugzeugregelung [69.7]. Die Eigenschaft, daß alle
Eigenwerte eines Systems in einem vorgegebenen Gebiet liegen,
wird als "schöne Stabilität" oder "Γ-Stabilität" bezeichnet,
die durch die Angabe des Gebiets Γ näher spezifiziert wird.

Gegeben sei also ein Gebiet Γ in der Eigenwert-Ebene $z = \tau + j\eta$,
siehe Bild 7.3

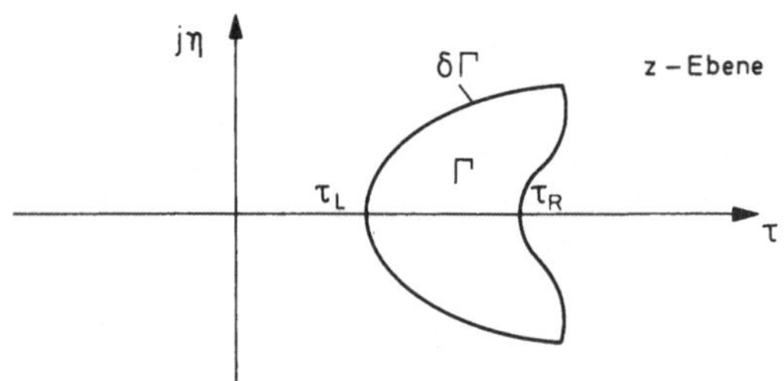

Bild 7.3 Gebiet Γ in der Eigenwertebene

Das Gebiet sei symmetrisch zur reellen Achse und zusammenziehbar.
Dabei kann die Grenzkurve $\partial\Gamma$ z.B. parametrisch mit dem reellen
Parameter α dargestellt werden, also $\tau(\alpha)\pm j\eta(\alpha)\epsilon\partial\Gamma$, $\alpha_0\le\alpha\le\alpha_1$,
oder sie wird durch eine Funktion $F(\tau,\eta^2) = 0$ dargestellt.
Für Kegelschnitte ist die Darstellung $\eta^2 = f(\tau)$ besonders geeignet. Die komplexe Grenzkurve kann auch abschnittsweise definiert sein, siehe z.B. Bild 8.23.

Gesucht ist das entsprechende Gebiet P_Γ im P-Raum, derart, daß
$\underline{p} \epsilon P_\Gamma \leftrightarrow z_i \epsilon \Gamma$, $i = 1, 2 \ldots n$. Es wird ebenso wie beim Einheitskreis durch drei Hyperflächen begrenzt, nämlich zwei reelle
Grenzflächen für die Schnittpunkte τ_L und τ_R von $\partial\Gamma$ mit der reellen Achse und eine komplexe Grenzfläche c.

Für die beiden reellen Grenzflächen ergeben sich ebenso wie beim Einheitskreis Hyperebenen $P(\tau_L) = 0$ und $P(\tau_R) = 0$, also

$$\underline{p}' \, \underline{\beta}_L \; = \; -\tau_L^n \qquad \underline{\beta}_L: \; = \; [1 \; \tau_L \cdots \tau_L^{n-1}]'$$

$$\underline{p}' \, \underline{\beta}_R \; = \; -\tau_R^n \qquad \underline{\beta}_R: \; = \; [1 \; \tau_R \cdots \tau_R^{n-1}]' \qquad (7.4.1)$$

Die komplexe Grenzfläche beschreibt die Polynome, die ein konjugiert komplexes Nullstellenpaar auf $\partial\Gamma$ haben, es liege bei $\tau \pm j\eta$. Diese Polynome enthalten den Faktor

$$\begin{aligned}
Q(z) \; &= \; (z - \tau - j\eta)(z - \tau + j\eta) \\
&= \; z^2 - 2\tau z + \tau^2 + \eta^2 \\
&= \; z^2 + q_1 z + q_0
\end{aligned}$$

Je nach Art der Darstellung von $\partial\Gamma$ ist

$$q_1(\alpha) = -2\tau(\alpha), \quad q_0(\alpha) = \tau^2(\alpha) + \eta^2(\alpha)$$

oder

$$q_1(\tau) = -2\tau, \quad q_0(\tau) = \tau^2 + \eta^2(\tau).$$

$P(z)$ kann geschrieben werden als

$$\begin{aligned}
P(z) \; &= \; Q(z) \cdot R(z) \\
&= \; (q_0 + q_1 z + z^2)(r_0 + r_1 z + \cdots + r_{n-3} z^{n-3} + z^{n-2}) \qquad (7.4.2)
\end{aligned}$$

Durch Ausmultiplizieren und Koeffizientenvergleich erhält man

$$[\underline{p}' \; 1] = [0 \quad 0 \quad \underline{r}' \quad 1]
\begin{bmatrix}
1 & 0 & . & . & . & . & . & 0 \\
q_1 & 1 & & . & & & & . \\
q_0 & q_1 & & . & & & & . \\
0 & . & . & & . & & & . \\
\vdots & & . & & . & . & & 0 \\
0 & & 0 & & q_0 & q_1 & & 1
\end{bmatrix} \qquad (7.4.3)$$

wobei $\underline{r}' = [r_0 \; r_1 \; \cdots \; r_{n-3}]$. Zur Elimination des unbestimmten $\underline{r}'$ wird die Gl. (7.4.3) invertiert. Man erhält dabei eine untere Dreiecksmatrix mit Diagonalstruktur.

$$\begin{bmatrix} 1 & 0 & & & & 0 \\ q_1 & 1 & \cdot & & & \\ q_0 & q_1 & \cdot & \cdot & & \\ 0 & \cdot & \cdot & \cdot & \cdot & \\ & & \cdot & \cdot & \cdot & 0 \\ 0 & & 0 & q_0 & q_1 & 1 \end{bmatrix} \cdot \begin{bmatrix} d_0 & 0 & & & & 0 \\ d_1 & d_0 & & & & \\ d_2 & \cdot & \cdot & & & \\ \vdots & & \cdot & \cdot & \cdot & \\ & & & \cdot & \cdot & \\ d_n & & & & d_1 & d_0 \end{bmatrix} = \begin{bmatrix} 1 & 0 & & & & 0 \\ 0 & 1 & \cdot & & & \\ & & \cdot & & \cdot & \\ & & & \cdot & & \\ & & & & \cdot & 0 \\ 0 & & & 0 & & 1 \end{bmatrix}$$

$$d_0 = 1$$

$$q_1 d_0 + d_1 = 0$$

$$q_0 d_0 + q_1 d_1 + d_2 = 0$$

$$\vdots$$

$$q_0 d_{i-1} + q_1 d_i + d_{i+1} = 0 \quad , \quad i = 2, 3 \ldots n-1$$

Die Koeffizienten d_i werden also als Chebyshev-Polynome zweiter Art

$$d_{i+1} = -q_1 d_i - q_0 d_{i-1} , \quad i = 1, 2 \ldots n - 1 \qquad (7.4.4)$$

mit den Startwerten $d_0 = 1$ und $d_1 = -q_1$ bestimmt [81.3]. Durch Inversion folgt aus Gl. (7.4.3)

$$[\underline{p}' \quad 1] \begin{bmatrix} d_0 & & 0 & & & 0 \\ d_1 & \cdot & d_0 & \cdot & & \\ & & \cdot & \cdot & \cdot & \\ & & \cdot & \cdot & \cdot & \cdot \\ & & & \cdot & \cdot & \cdot \\ d_n & & & & d_1 & d_0 \end{bmatrix} = [0 \quad 0 \quad \underline{r}' \quad 1] \qquad (7.4.5)$$

Alle in Gl. (7.4.5) auftretenden Größen sind reell. Die letzte Spalte ist trivial, $d_0 = 1$, die vorangehenden $n - 2$ Spalten haben eine beliebig wählbare rechte Seite, da für das Restpolynom $R(z)$ keinerlei Annahmen gemacht werden. Die komplexe Grenzfläche c im P-Raum wird also durch die beiden ersten Spalten von Gl. (7.4.5) beschrieben. Diese können wie folgt vereinfacht werden:

Mit Gl. (7.4.4) ist

$$[\underline{p}' \quad 1] \begin{bmatrix} 1 & 0 \\ -q_1 & 1 \\ -q_1 d_1 - q_0 d_0 & d_1 \\ -q_1 d_2 - q_0 d_1 & d_2 \\ \cdot & \cdot \\ \cdot & \cdot \\ \cdot & \cdot \\ -q_1 d_{n-1} - q_0 d_{n-2} & d_{n-1} \end{bmatrix} = [0 \quad 0]$$

Multipliziert man die zweite Spalte mit q_1 und addiert sie zur ersten, so ergibt sich

$$[\underline{p}' \quad 1] \begin{bmatrix} 1 & 0 \\ 0 & 1 \\ -q_0 d_0 & d_1 \\ -q_0 d_1 & d_2 \\ \cdot & \cdot \\ \cdot & \cdot \\ \cdot & \cdot \\ -q_0 d_{n-2} & d_{n-1} \end{bmatrix} = [0 \quad 0]$$

$$\underline{p}' \, [\underline{y}_1 \quad \underline{y}_2] = [q_0 d_{n-2}, \quad -d_{n-1}] \qquad\qquad (7.4.6)$$

mit $\underline{y}_1 := [1 \quad 0 \quad -q_0 d_0 \quad -q_0 d_1 \quad \cdots \quad -q_0 d_{n-3}]'$

$ \underline{y}_2 := [0 \quad 1 \quad d_1 \quad d_2 \quad \cdots \quad d_{n-2}]'$

Die Ausrechnung von Gl. (7.4.4) ergibt

$$d_0 = 1$$

$$d_1 = -q_1$$

$$d_2 = q_1^2 - q_0$$

$$d_3 = -q_1^3 + 2q_0 q_1$$

$$d_4 = q_1^4 - 3q_0 q_1^2 + q_0^2$$

$$d_5 = -q_1^5 + 4q_0 q_1^3 - 3q_0^2 q_1$$

Für ein festliegendes komplexes Polpaar auf $\partial\Gamma$, d.h. festes q_0 und q_1 ist die komplexe Grenzfläche der Schnitt der beiden $n-1$ dimensionalen Hyperebenen nach Gl. (7.4.6). Da $\underline{\gamma}_1$ und $\underline{\gamma}_2$ linear unabhängige Vektoren sind, können die beiden Hyperebenen nicht identisch oder parallel sein, d.h. ihr Schnitt ist eine $(n-2)$-dimensionale Hyperebene.

Wandert das konjugiert komplexe Polpaar auf $\partial\Gamma$, so bewegt sich die $(n-2)$-dimensionale Hyperebene und bildet die komplexe Grenzfläche c. Die Art dieser Bewegung und damit c hängen von der speziellen Form der Grenzkurve $\partial\Gamma$ ab.

Beispiel:

Es sei $n = 3$. Es soll die logarithmische Spirale $z_{1,2} = e^{-\alpha} \cdot e^{\pm j\alpha}$ gemäß Gl. (3.5.3) und Bild 3.11 in den P-Raum abgebildet werden. Die Schnitte mit der reellen Achse liegen bei $\alpha = \pi$, d.h. $\tau_L = -e^{-\pi} = -0,0432$ und $\alpha = 0$, d.h. $\tau_R = 1$, die reellen Grenzebenen sind

$$P(\tau_L) = p_0 - 0,0432\, p_1 + 0,0432^2 p_2 - 0,0432^3 = 0$$

$$P(\tau_R) = p_0 + p_1 + p_2 + 1 = 0$$

Auf der komplexen Grenze ist $\tau = e^{-\alpha} \cdot \cos\alpha$, $\eta = \pm e^{-\alpha} \cdot \sin\alpha$, d.h. $q_0 = \tau^2 + \eta^2 = e^{-2\alpha}$, $q_1 = -2\tau = -2e^{-\alpha}\cos\alpha$. Mit Gl. (7.4.4) wird

$$d_0 = 1$$
$$d_1 = -a_1 = 2e^{-\alpha}\cos\alpha$$
$$d_2 = q_1^2 - q_0 = e^{-2\alpha}(4\cos^2\alpha - 1)$$

Gl. (7.4.6) lautet damit hier

$$[p_0 \quad p_1 \quad p_2] \begin{bmatrix} 1 & 0 \\ 0 & 1 \\ -e^{-2\alpha} & 2e^{-\alpha}\cos\alpha \end{bmatrix} = [2e^{-3\alpha}\cos\alpha, \quad e^{-2\alpha}(1-4\cos^2\alpha)]$$

Für jeden Wert α im Intervall $[0,\pi]$ ergeben sich zwei Ebenen. Deren Schnitt ist eine Gerade, die alle Polynome mit Nullstellen $z_{1,2} = e^{-\alpha} \cdot e^{\pm j\alpha}$ darstellt. Eliminiert man p_2, so erhält man als Projektion dieser Geraden

$$2\,p_0\cos\alpha + e^{-\alpha}p_1 = e^{-3\alpha}$$

Man kann demnach auch den Schnitt der beiden folgenden Ebenen zugrundelegen.

$$[p_0 \quad p_1 \quad p_2] \begin{bmatrix} 1 & 2\cos\alpha \\ 0 & e^{-\alpha} \\ -e^{-2\alpha} & 0 \end{bmatrix} = e^{-3\alpha}\,[2\cos\alpha \quad 1] \qquad (7.4.7)$$

Wählt man Grenzkurven zweiten Grades, also Kegelschnitte

$$\eta^2(\tau) = c_0 + c_1\tau + c_2\tau^2 \qquad\qquad (7.4.8)$$

so wird $q_0 = \tau^2 + \eta^2(\tau) = c_0 + c_1\tau + (1 + c_2)\tau^2$, $q_1 = -2\tau$, d.h.

$\underline{p}$ hängt quadratisch von τ ab, es entsteht eine Hyperfläche im P-Raum, die durch die Koeffizienten des Restpolynoms $R(z)$ parametrisiert ist.

Spezialfälle von Gl. (7.4.8) sind

$c_2 > 0$ Hyperbel; speziell 2 Geraden für $\eta^2 = c_2(\tau-\tau_0)^2$, z.B. Linien konstanter Dämpfung in der s-Ebene mit $\tau_0 = 0$. Die Hyperbel eignet sich auch, um gleichzeitig einen Mindestwert des negativen Realteils sicherzustellen.

$c_2 = 0$ Parabel; für $c_1 = 0$, $c_0 > 0$ Parallele zur reellen Achse und für $c_0 = c_1 = c_2 = 0$ die reelle Achse selbst, d.h. die Grenze zwischen reellen und komplexen Eigenwerten.

$c_2 < 0$ Ellipse; speziell mit $c_2 = -1$ Kreis. Grenze für natürliche Frequenz in der s-Ebene, Stabilitätsgrenze in der z-Ebene.

Der Term $(1 + c_2)\tau^2$ in q_0 zeigt, daß der Kreis, $c_2 = -1$, der einzige Fall ist, in dem $\underline{p}$ linear von τ abhängt, d.h. für festes $R(z)$ bewegt sich $\underline{p}$ entlang einer Geraden. Die komplexe Grenzfläche entsteht also durch Bewegung einer Geraden, wie in Bild 7.2 für $n = 3$ dargestellt. Diese Eigenschaft gilt für alle Kreise mit reellem Mittelpunkt und beliebigem Radius. Als Grenzfall gehört dazu auch die imaginäre Achse $\tau = 0$, $Q(z) = z^2 + \eta^2$ und Parallelen dazu: $\tau = \tau_0$, $Q(z) = (z-\tau_0)^2 + \eta^2$. Dabei ist $\underline{p}$ linear in η^2.

Die in Abschnitt 7.2 dargestellten Eigenschaften von Stabilitätsgebieten und ihrer konvexen Hülle lassen sich direkt auf andere kreisförmige Gebiete Γ übertragen. Für einen Kreis mit Mittelpunkt τ_0 und Radius r liegen die Schnittpunkte mit der reellen Achse bei $\tau_L = \tau_0 - r$ und $\tau_R = \tau_0 + r$. Die Ecken der konvexen Hülle des schönen Stabilitätsgebiets sind bestimmt durch die $n + 1$ Polynome

$$\tilde{P}_i(z) = (z - \tau_L)^i (z - \tau_R)^{n-i} \qquad i = 0, 1 \ldots n \tag{7.4.9}$$

Beispiel:

Die Nullstellen von $p_0 + p_1 z + z^2$ sollen in dem Kreis mit $\tau_0 = 0{,}45$, $r = 0{,}5$, d.h. $\tau_L = -0{,}05$, $\tau_R = 0{,}95$ liegen. Aus Gl. (7.4.9) erhält man die Ecken des Dreiecks in der P-Ebene

$$\underline{p}'_0 = [\ 0{,}9025 \qquad -1{,}9]$$

$$\underline{p}'_1 = [-0{,}0475 \qquad -0{,}9]$$

$$\underline{p}'_2 = [\ 0{,}0025 \qquad 0{,}1]$$

Es ist in Bild 7.4 zusammen mit dem Stabilitätsdreieck
dargestellt.

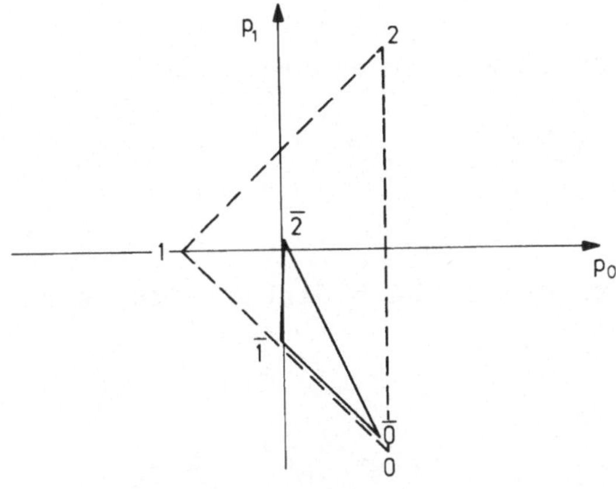

Bild 7.4 Dreieck $\bar{0}\bar{1}\bar{2}$ für Eigenwerte im Kreis mit
Mittelpunkt $z = 0.45$ und Radius 0.5.
Gestrichelt: Stabilitätsgebiet, vgl. Bild 7.1.

Die Darstellung von $\underline{p}$ in baryzentrischen Koordinaten
lautet nun entsprechend zu Gl. (7.3.4)

$$[\underline{p}' \quad 1] = \tilde{\underline{\mu}}' \; \tilde{\underline{P}}_n \tag{7.4.10}$$

wobei

$$\tilde{\underline{P}}_n \, \underline{z}_n =
\begin{bmatrix} \tilde{\underline{P}}_0' & 1 \\ \cdot & \cdot \\ \cdot & \cdot \\ \cdot & \cdot \\ \tilde{\underline{P}}_n' & 1 \end{bmatrix}
\begin{bmatrix} 1 \\ z \\ \cdot \\ \cdot \\ z^n \end{bmatrix}
=
\begin{bmatrix} (z-\tau_R)^n \\ (z-\tau_R)^{n-1}(z-\tau_L) \\ \cdot \\ \cdot \\ (z-\tau_L)^n \end{bmatrix}$$

und $\tilde{\underline{\mu}}'$ die baryzentrischen Koordinaten von $\underline{p}'$ bezüglich der
Ecken $\tilde{\underline{p}}_i$ des schönen Stabilitätsgebiets sind. Damit wird

$$P(z) = [\underline{p}' \quad 1] \, \underline{z}_n = \tilde{\underline{\mu}} \, \tilde{\underline{P}}_n \, \underline{z}_n = \sum_{i=1}^{n} \tilde{\mu}_i \, \tilde{P}_i(z)$$

$$= \tilde{\mu}_0 (z-\tau_R)^n + \tilde{\mu}_1 (z-\tau_R)^{n-1}(z-\tau_L) + \ldots + \tilde{\mu}_n (z-\tau_L)^n$$

$$\frac{P(z)}{(z-\tau_R)^n} = \tilde{\mu}_0 + \tilde{\mu}_1 \frac{z-\tau_L}{z-\tau_R} + \ldots + \tilde{\mu}_n \left(\frac{z-\tau_L}{z-\tau_R}\right)^n \tag{7.4.11}$$

Dieser Ausdruck kann wieder durch konforme Abbildung

$$\tilde{w} := \frac{z-\tau_L}{z-\tau_R} \quad , \quad z = \frac{\tilde{w}\tau_R - \tau_L}{\tilde{w} - 1} \tag{7.4.12}$$

erzeugt werden, die das Innere des schönen Stabilitätskreises in die linke $\tilde{w}$-Ebene abbildet:

$$\tilde{M}(\tilde{w}) = \left(\frac{\tilde{w}-1}{\tau_R-\tau_L}\right)^n P\left(\frac{\tilde{w}\tau_R-\tau_L}{\tilde{w}-1}\right) = \tilde{\mu}_0 + \tilde{\mu}_1\tilde{w} + \ldots + \tilde{\mu}_n\tilde{w}^n = \underline{\tilde{\mu}}' \underline{\tilde{w}}_n$$

oder ausgeschrieben

$$\tilde{M}(\tilde{w}) = \underline{\tilde{\mu}}\, \underline{w}_n = \frac{1}{(\tau_R-\tau_L)^n} \cdot [\underline{p}' \quad 1] \begin{bmatrix} (\tilde{w}-1)^n \\ (\tilde{w}-1)^{n-1}\ (\tilde{w}\tau_R-\tau_L) \\ \cdot \\ \cdot \\ \cdot \\ (\tilde{w}\tau_R-\tau_L)^n \end{bmatrix} \tag{7.4.13}$$

Die Nullstellen von $P(z)$ liegen genau dann im Kreis schöner Stabilität zwischen τ_L und τ_R, wenn $\tilde{M}(\tilde{w})$ ein Hurwitz-Polynom ist.

Beispiel:

Die Nullstellen von $P(z) = p_0 + p_1 z + p_2 z^2 + z^3$ sollen in dem Kreis mit $\tau_0 = 0,4$, $r = 0,4$, d.h. $\tau_L = 0$, $\tau_R = 0,8$ liegen

$$\tilde{M}(\tilde{w}) = \frac{(\tilde{w}-1)^3}{0,512} \cdot P\left(\frac{0,8\tilde{w}}{\tilde{w}-1}\right)$$

$$0,512\, \tilde{M}(\tilde{w}) = p_0(\tilde{w}-1)^3 + p_1 \cdot 0,8\tilde{w}(\tilde{w}-1)^2 + p_2 \cdot 0,64\tilde{w}^2(\tilde{w}-1) + 0,512\tilde{w}^3$$

$$= -p_0 + (3p_0 + 0,8p_1)\tilde{w} + (-3p_0 - 1,6p_1 - 0,64p_2)\tilde{w}^2 +$$

$$+ (p_0 + 0,8p_1 + 0,64p_2 + 0,512)\tilde{w}^3$$

Nach Gl. (C.2.10) sind die notwendigen und hinreichenden
Bedingungen

$$q_0 = -p_0 > 0$$

$$q_1 = 3p_0 + 0,8\,p_1 > 0$$

$$q_3 = p_0 + 0,8\,p_1 + 0,64\,p_2 + 0,512 > 0$$

$$\Delta_2 = \begin{vmatrix} q_1 & q_3 \\ q_0 & q_2 \end{vmatrix} = -8p_0{}^2 - 6,4p_0p_1 - 1,28p_0p_2 - 1,28p_1{}^2$$

$$- 0,512\,p_1p_2 + 0,512p_0 > 0 \qquad (7.4.14)$$

Um die Vorteile kreisförmiger Polgebiete zu nutzen, kann man
Gebiete von dem in Bild 3.11 dargestellten Typ durch Kreise an-
nähern. Bei der Formulierung von Problemen der robusten Regelung ist es nützlich, durch eine Schar solcher sich nicht
schneidender Kreise ein Maß für die Stabilitätsgüte einzuführen.

In der Kreisgleichung

$$(\tau - \tau_0)^2 + \eta^2 = r^2 \qquad\qquad (7.4.15)$$

wird dazu zwischen Kreismittelpunkt τ_0 und Radius r der folgende
Zusammenhang hergestellt

$$\tau_0(\tau_0 - 1) = 0,99r(r - 1) \quad , \quad r < 1 \qquad (7.4.16)$$

wobei die Lösung $\tau_0 < 0.5$ gelten soll. Außerhalb des Einheitskreises werden konzentrische Kreise verwendet, d.h. $\tau_0 = 0$ für
$r \geq 1$.

Bild 7.5 zeigt diese Schar von Kreisen. Für r = 0 erhält man
die "deadbeat"-Lösung. Mit wachsendem r wandert der Kreismittelpunkt nach rechts, bis er $\tau = 0,45$ erreicht für r = 0,5. Bei
weiter wachsendem r kehrt der Kreismittelpunkt zum Ursprung
zurück, um mit r = 1 den Einheitskreis zu erzeugen. Für r > 1

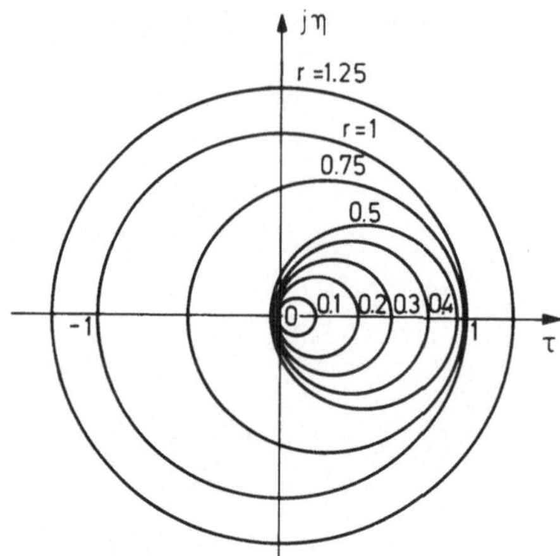

Bild 7.5 Kreisschar nach den Gln. (7.4.15) und (7.4.16)

wird die restliche z-Ebene in konzentrischen Kreisen erfaßt. Kreise mit einem Radius von r = 0,3 bis 0,5 approximieren das Gebiet nach Bild 3.11. Schnellere Lösungen mit r → 0 erfordern größere Stellamplituden |u| und erlauben weniger Robustheit gegenüber Änderungen der Parameter der Regelstrecke. Der Radius r ist ein geeignetes Stabilitätsmaß.

Anmerkung 7.5:

Falls eine Kreisschar mit geringerer Exzentrizität gewünscht wird, muß der Faktor 0,99 in Gl. (7.4.16) verkleinert werden. Er kann andererseits nicht über 1 erhöht werden, da sich sonst die Kreise schneiden.

Anmerkung 7.6:

Der Gedanke einer rationalen Abbildung zwischen der Grenze $\partial\Gamma$ und der imaginären Achse einer anderen komplexen Variablen und damit Zurückführung auf das Hurwitz-Problem wird in [82.1] weiter ausgeführt. So lassen sich z.B. die Kegelschnitte $\partial\Gamma$ durch die Hurwitz-Prüfung eines Polynoms vom Grade 2n behandeln.

7.5 Polgebietsvorgabe

7.5.1 Abbildung zwischen P- und K-Raum

Bei der Polgebietsvorgabe durch eine Zustandsvektor-Rückführung $u = -\underline{k}'\underline{x}$ wird das Gebiet P_Γ im P-Raum in ein Gebiet K_Γ im K-Raum abgebildet, derart, daß $\underline{p} \in P_\Gamma \leftrightarrow \underline{k} \in K_\Gamma$. Aus der zulässigen Lösungsmenge K_Γ kann dann unter Berücksichtigung weiterer Entwurfsforderungen ein geeignetes $\underline{k}'$ ausgewählt werden.

Der Zusammenhang zwischen $\underline{p}$ und $\underline{k}$ kann in einer der folgenden Formen formuliert werden:

$$\det(z\underline{I}-\underline{A}+\underline{bk}') = [\underline{p}' \quad 1] \; [1 \; z \; \ldots \; z^n]' \tag{7.5.1}$$

oder nach Gl. (4.4.6)

$$\underline{k}' = [\underline{p}' \quad 1] \; \underline{E} \tag{7.5.2}$$

mit der Polvorgabematrix

$$\underline{E} = \begin{bmatrix} \underline{e}' \\ \underline{e}'\underline{A} \\ \vdots \\ \underline{e}'\underline{A}^n \end{bmatrix} \quad , \quad \underline{e}' = [0 \ldots 0 \quad 1][\underline{b} \; \underline{Ab} \ldots \underline{A}^{n-1}\underline{b}]^{-1}$$

oder nach Gl. (4.4.4)

$$\underline{p}' = \underline{k}'\underline{W} + \underline{a}' \tag{7.5.3}$$

wobei $\underline{W}$ und $\underline{a}$ über den Leverrier-Algorithmus aus $\underline{A}$ und $\underline{b}$ bestimmt werden können. Die entsprechenden Gleichungen werden nochmals für den diskreten Fall wiederholt.

Nach Leverrier, Gl. (2.3.11), ist

$$(z\underline{I}-\underline{A})^{-1} = \frac{\underline{D}_{n-1}z^{n-1} + \underline{D}_{n-2}z^{n-2} + \ldots + \underline{D}_o}{z^n + a_{n-1}z^{n-1} + \ldots + a_o} \tag{7.5.4}$$

$$\underline{D}_{n-1} = \underline{I}$$

$$a_{n-1} = -\text{Spur } \underline{A} \, \underline{D}_{n-1} \qquad \underline{D}_{n-2} = \underline{A} \, \underline{D}_{n-1} + a_{n-1}\underline{I}$$

$$a_{n-2} = -\text{Spur } \underline{A} \, \underline{D}_{n-2}/2 \qquad \underline{D}_{n-3} = \underline{A} \, \underline{D}_{n-2} + a_{n-2}\underline{I}$$

$$\vdots \qquad\qquad\qquad\qquad \vdots \qquad\qquad\qquad (7.5.5)$$

$$a_1 = -\text{Spur } \underline{A} \, \underline{D}_1/(n-1) \qquad \underline{D}_0 = \underline{A} \, \underline{D}_1 + a_1\underline{I}$$

$$a_0 = -\text{Spur } \underline{A} \, \underline{D}_0/n \qquad \underline{D}_{-1} = \underline{A} \, \underline{D}_0 + a_0\underline{I} = \underline{O} \text{ (Kontrolle)}$$

Gl. (2.6.15) lautet hier

$$\underline{W} = [\underline{D}_0\underline{b} \quad \underline{D}_1\underline{b} \; \cdots \; \underline{D}_{n-1}\underline{b}] \qquad\qquad (7.5.6)$$

und es ist

$$\underline{a} = [a_0 \quad a_1 \; \cdots \; a_{n-1}]' \qquad\qquad (7.5.7)$$

In Gl. (7.5.3) ist auch einfach die Beschränkung auf eine
Ausgangsvektor-Rückführung

$$u = -\underline{k}_y'\underline{y} = -\underline{k}_y'\underline{C}x \qquad\qquad (7.5.8)$$

zu berücksichtigen. Es sei $\underline{C}$ eine s x n-Matrix, Rang $\underline{C}$ = s < n.
Entsprechend hat der K-Raum der Rückführverstärkungen $\underline{k}_y$ jetzt
nur noch die Dimension s. Von dem ursprünglichen n-dimensionalen
K-Raum ist also nur noch der von den Zeilen von $\underline{C}$ aufgespannte
Unterraum zulässig, in dem die Rückführverstärkungen $\underline{k}'$ = $\underline{k}_y'\underline{C}$ lie-
gen. Gl. (7.5.3) wird damit

$$\underline{p}' = \underline{a}' + \underline{k}_y'\underline{C}\underline{W} \qquad\qquad (7.5.9)$$

Die Gln. (7.5.2) und (7.5.3) stellen eine affine Abbildung dar,
wie im Anschluß an Gl. (2.6.17) diskutiert wird. Unter einer affinen Abbildung bleiben Geraden und Hyperebenen erhalten, der
Typ von Kurven höheren Grades ändert sich nicht. Ist das
Stabilitätsgebiet oder schöne Stabilitätsgebiet im P-Raum ge-

nau untersucht und durch einige ausgezeichnete Punkte charakterisiert, so brauchen zu seiner Abbildung in den K-Raum nur diese Punkte über Gl. (7.5.2) abgebildet zu werden. Ist das Gebiet allgemein durch Ungleichungen in $\underline{p}$ beschrieben, so ist es vorteilhafter, $\underline{p}'$ gemäß Gl. (7.5.3) oder (7.5.9) durch den entsprechenden Ausdruck in $\underline{k}'$ zu ersetzen.

7.5.2 Abbildung kreisförmiger Polgebiete

Wie in den Abschnitten 7.2 bis 7.4 dargestellt wurde, spielen kreisförmige Polgebiete wegen ihrer praktischen Bedeutung und vergleichsweise einfachen Darstellung im P-Raum eine besondere Rolle. Zur Abbildung in den K-Raum genügt hier die Abbildung der Eckpunkte der konvexen Hülle. Im Falle n = 2 ist damit unmittelbar das Stabilitätsdreieck beschrieben.

Beispiel:

$$\underline{x}[k+1] = \begin{bmatrix} 0 & -4 \\ 1 & 4 \end{bmatrix} \underline{x}[k] + \frac{1}{16} \begin{bmatrix} 6 \\ -5 \end{bmatrix} u[k] \qquad (7.5.10)$$

$$\underline{k}' = \begin{bmatrix} p_0 & p_1 & 1 \end{bmatrix} \begin{bmatrix} 5 & 6 \\ 6 & 4 \\ 4 & -8 \end{bmatrix}$$

Die Ecken 012 des Stabilitäts-Dreiecks von Bild 7.4 bilden sich ab in

$$\begin{bmatrix} \underline{k}_0' \\ \underline{k}_1' \\ \underline{k}_2' \end{bmatrix} = \begin{bmatrix} \underline{p}_0' & 1 \\ \underline{p}_1' & 1 \\ \underline{p}_2' & 1 \end{bmatrix} \underline{E} = \begin{bmatrix} 1 & -2 & 1 \\ -1 & 0 & 1 \\ 1 & 2 & 1 \end{bmatrix} \begin{bmatrix} 5 & 6 \\ 6 & 4 \\ 4 & -8 \end{bmatrix} = \begin{bmatrix} -3 & -10 \\ -1 & -14 \\ 21 & 6 \end{bmatrix}$$

$$(7.5.11)$$

Bild 7.6 zeigt gestrichelt das Stabilitätsdreieck 012 in der K-Ebene. Entsprechend wird das Dreieck $\bar{0}\bar{1}\bar{2}$ für schöne Stabilität, siehe Bild 7.4, abgebildet über

$$
\begin{bmatrix} k_0{}' \\ k_1{}' \\ \underline{k}_2{}' \end{bmatrix} = \begin{bmatrix} 0,9025 & -1,9 & 1 \\ -0,0475 & -0,9 & 1 \\ 0,0025 & 0,1 & 1 \end{bmatrix} \begin{bmatrix} 5 & 6 \\ 6 & 4 \\ 4 & -8 \end{bmatrix} = \begin{bmatrix} -2,8875 & -10,185 \\ -1,6375 & -11,885 \\ 4,6125 & -7,585 \end{bmatrix}
$$

Das schöne Stabilitätsdreieck in der K-Ebene wird ebenfalls in Bild 7.6 gezeigt. Eingetragen ist außerdem der deadbeat-Punkt $\underline{p} = \underline{0}$, d.h. $\underline{k}' = \underline{e}'\underline{A}^n = [4 \quad -8]$.

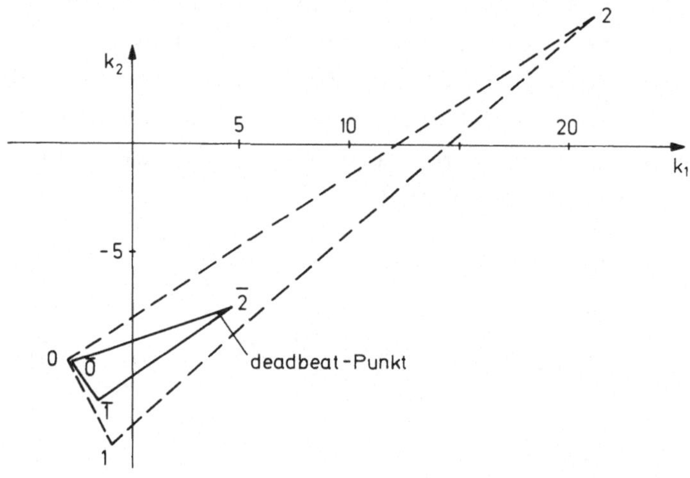

Bild 7.6 Abbildung der Dreiecke aus Bild 7.4 in die
K-Ebene für das System von Gl. (7.5.10)

Entsprechend brauchen für n = 3 nur die vier Ecken des Stabilitätsgebiets nach Bild 7.2 mit Hilfe der Polvorgabe abgebildet zu werden. Durch gleichmäßige Unterteilung der Kanten 01 und 23 und Verbinden der entsprechenden Punkte entsteht die Abbildung der komplexen Grenzfläche. Ebenso kann das im Stabilitätsgebiet enthaltene Tetraeder durch Abbildung seiner Ecken nach Gl. (7.2.13) erzeugt werden. Für beliebiges n kann die konvexe Hülle des schönen Stabilitätsgebiets im P-Raum durch Abbildung der Ecken in den K-Raum transformiert werden. Einfacher ist es jedoch, $\underline{p}$ gemäß Gl. (7.5.3) in Gl. (7.4.13) einzusetzen. Das Ergebnis ist der folgende Satz:

Die Eigenwerte von $\underline{A} - \underline{b}k'$ liegen genau dann in dem Kreis mit reellem Mittelpunkt und Schnittpunkten τ_R und τ_L mit der reellen Achse, wenn

$$\tilde{M}(\tilde{w}) = \frac{1}{(\tau_R - \tau_L)^n} \; [\underline{a}' + \underline{k}'\underline{W} \qquad 1] \begin{bmatrix} (\tilde{w} - 1)^n \\ (\tilde{w} - 1)^{n-1} \; (\tilde{w}\tau_R - \tau_L) \\ \cdot \\ \cdot \\ \cdot \\ (\tilde{w}\tau_R - \tau_L)^n \end{bmatrix}$$

$$(7.5.12)$$

ein Hurwitz-Polynom ist. Dabei werden $\underline{a}'$ und $\underline{W}$ gemäß Gln. (7.5.6) und (7.5.7) aus $\underline{A}$ und $\underline{b}$ bestimmt.

7.5.3 Abbildung beliebiger Polgebiete

Soll ein beliebiges Gebiet Γ für schöne Stabilität, z.B. nach Bild 7.3 in den K-Raum abgebildet werden, so geschieht dies einfach dadurch, daß $\underline{p}$ nach Gl. (7.5.3) für die Zustandsvektor-Rückführung bzw. nach Gl. (7.5.9) für die Ausgangsvektor-Rückführung in die Beziehungen (7.4.1) und (7.4.6) eingesetzt wird [81.3]. Wir formulieren die Gleichungen für Ausgangsvektor-Rückführung. Der Fall der Zustandsvektor-Rückführung ist darin mit $\underline{C} = \underline{I}$, $\underline{k}_y = \underline{k}$ enthalten. Für die reellen Grenzen bei τ_R und τ_L erhält man im K-Raum die beiden Hyperebenen

$$(\underline{a}' + \underline{k}_y'\underline{CW})\underline{\beta}_L = -\tau_L^n$$
$$(\underline{a}' + \underline{k}_y'\underline{CW})\underline{\beta}_R = -\tau_R^n$$

$$(7.5.13)$$

Für jedes festliegende Polpaar auf der komplexen Grenze und beliebiges Restpolynom $R(z)$ ist die komplexe Grenze im K-Raum der Schnitt der beiden Hyperebenen

$$(\underline{a}' + \underline{k}_y\underline{CW}) \; [\underline{Y}_1, \underline{Y}_2] = [q_0 d_{n-2}, \; -d_{n-1}] \qquad (7.5.14)$$

Beispiel

Das System "Dreifach-Integrator"

$$\underline{\dot{x}} = \begin{bmatrix} 0 & 1 & 0 \\ 0 & 0 & 1 \\ 0 & 0 & 0 \end{bmatrix} \underline{x} + \begin{bmatrix} 0 \\ 0 \\ 1 \end{bmatrix} u \qquad\qquad (7.5.15)$$

hat mit $T = 1$ die diskrete Zustands-Darstellung, siehe
Gl. (3.1.19),

$$\underline{x}[k + 1] = \begin{bmatrix} 1 & 1 & 0.5 \\ 0 & 1 & 1 \\ 0 & 0 & 1 \end{bmatrix} \underline{x}[k] + \frac{1}{6} \begin{bmatrix} 1 \\ 3 \\ 6 \end{bmatrix} u[k]$$

Es soll die Menge aller Zustandsvektor-Rückführungen
$\underline{u} = -\underline{k}'\underline{x}$ dargestellt werden, die dem geschlossenen Kreis
Eigenwerte mit einer Dämpfung größer als $1/\sqrt{2}$, d.h. diskrete
Eigenwerte innerhalb der logarithmischen Spirale
$\partial\Gamma(\alpha) = e^{-\alpha} \cdot e^{\pm j\alpha}$, $0 \leq \alpha \leq \pi$ gibt. Nach Gl. (7.5.5) ist

$$(z\underline{I} - \underline{A})^{-1} = \frac{\underline{D}_2 z^2 + \underline{D}_1 z + \underline{D}_0}{z^3 - 3z^2 + 3z - 1}$$

$$\underline{D}_2 = \begin{bmatrix} 1 & 0 & 0 \\ 0 & 1 & 0 \\ 0 & 0 & 1 \end{bmatrix}, \underline{D}_1 = \begin{bmatrix} -2 & 1 & 0,5 \\ 0 & -2 & 1 \\ 0 & 0 & -2 \end{bmatrix}, \underline{D}_0 = \begin{bmatrix} 1 & -1 & 0.5 \\ 0 & 1 & -1 \\ 0 & 0 & 1 \end{bmatrix}$$

Mit Gl. (7.5.6) ist

$$\underline{W} = [\underline{D}_0\underline{b} \quad \underline{D}_1\underline{b} \quad \underline{D}_2\underline{b}] = \frac{1}{6} \begin{bmatrix} 1 & 4 & 1 \\ -3 & 0 & 3 \\ 6 & -12 & 6 \end{bmatrix}$$

$$\underline{p}' = \underline{a}' + \underline{k}'\underline{W} = [-1 \quad 3 \quad -3] + [k_1 \quad k_2 \quad k_3] \underline{W}$$

Für die logarithmische Spirale $e^{-\alpha}e^{\pm j\alpha}$ wurden die Grenzflächen im P-Raum bereits in Abschnitt 7.4 berechnet. Setzt
man darin den obigen Ausdruck für $\underline{p}'$ ein, so ergibt sich
die linke reelle Grenze

$$\underline{p}' \begin{bmatrix} 1 \\ -0,0432 \\ 0,0432^2 \end{bmatrix} = -1,1352 + [k_1 \quad k_2 \quad k_3] \begin{bmatrix} 0,1382 \\ -0,4991 \\ 1,0883 \end{bmatrix} = 0,0432^3$$

$$0,1382\ k_1 - 0,4991\ k_2 + 1,0883\ k_3 = 1,1353 \qquad (7.5.19)$$

und die rechte reelle Grenze

$$\underline{p}' \begin{bmatrix} 1 \\ 1 \\ 1 \end{bmatrix} = -1 + [k_1 \quad k_2 \quad k_3] \begin{bmatrix} 1 \\ 0 \\ 0 \end{bmatrix} = -1$$

$$k_1 = 0 \qquad\qquad (7.5.20)$$

Die Punkte der komplexen Grenze erfüllen die beiden Gleichungen (7.4.7)

$$\underline{p}' \begin{bmatrix} 1 & 2\cos\alpha \\ 0 & e^{-\alpha} \\ -e^{-2\alpha} & 0 \end{bmatrix} = e^{-3\alpha}[2\cos\alpha \quad 1]$$

Diese werden mit dem obigen Ausdruck für $\underline{p}$ in den K-Raum abgebildet

$$[-1+3e^{-2\alpha}, -2\cos\alpha+3e^{-\alpha}] + \frac{1}{6}[k_1\ k_2\ k_3] \begin{bmatrix} 1-e^{-2\alpha} & 2\cos\alpha+4e^{-\alpha} \\ -3-3e^{-2\alpha} & -6\cos\alpha \\ 6-6e^{-2\alpha} & 12\cos\alpha-12e^{-\alpha} \end{bmatrix} =$$

$$= e^{-3\alpha}[2\cos\alpha \quad 1]$$

$$[k_1\ k_2\ k_3] \begin{bmatrix} 1-e^{-2\alpha} & 2\cos\alpha+4e^{-\alpha} \\ -3-3e^{-2\alpha} & -6\cos\alpha \\ 6-6e^{-2\alpha} & 12\cos\alpha-12e^{-\alpha} \end{bmatrix} = \qquad (7.5.21)$$

$$= 6[1-3e^{-2\alpha}+2e^{-3\alpha}\cos\alpha,\ 2\cos\alpha-3e^{-\alpha}+e^{-3\alpha}]$$

$\pm\alpha$ ist der Winkel zwischen komplexem Polpaar auf $\partial\Gamma$ und der positiv reellen Achse. Für jeden Wert von α im Intervall $[0,\pi]$ ergibt sich eine Gerade im K-Raum als Schnitt der beiden durch die Gleichung dargestellten Ebenen.

Es soll nun untersucht werden, ob beim Schnitt der beiden Hyperebenen Gl. (7.5.14) singuläre Fälle auftreten können. Zunächst zeigt Gl. (7.4.6), daß $\underline{\gamma}_1$ und $\underline{\gamma}_2$ stets linear unabhängig sind. Damit können $\underline{W}\,\underline{\gamma}_1$ und $\underline{W}\,\underline{\gamma}_2$ nur linear abhängig werden, wenn $\underline{W}$ nicht vollen Rang hat, d.h. nach Gl. (2.6.15), wenn $(\underline{A},\underline{b})$ nicht steuerbar ist. Anders ausgedrückt: Wenn das System steuerbar ist, und eine Zustandsvektor-Rückführung $\underline{C} = \underline{I}$, $\underline{k}_y = \underline{k}$, angesetzt wird, dann schneiden sich die beiden Hyperebenen Gl. (7.5.14) stets im Endlichen; ein konjugiert komplexes Polpaar kann mit endlicher Verstärkung $\underline{k}$ auf jeden Punkt der komplexen Grenze $\partial\Gamma$ gebracht werden (Polvorgabe). Singuläre Fälle können nur bei Ausgangsvektor-Rückführung, Rang $\underline{C} < n$, auftreten, nämlich dann, wenn $\underline{C}\,\underline{W}\,\underline{\gamma}_1$ und $\underline{C}\,\underline{W}\,\underline{\gamma}_2$ linear abhängig werden. Dann sind die beiden Hyperebenen parallel; in dem durch $\underline{C}$ festgelegten Unterraum ist es nicht mehr möglich, ein komplexes Polpaar auf diesen Punkt von $\partial\Gamma$ zu bringen (Beispiel: Rang $\underline{C} = 1$, das Polpaar kann nur zum Schnitt der Wurzelortskurve mit $\partial\Gamma$ gebracht werden, alle anderen Punkte auf $\partial\Gamma$ sind singulär. Ein noch speziellerer Fall ist gegeben, wenn auch die rechten Seiten von Gl. (7.5.14) untereinander gleich werden, so daß die parallelen Hyperebenen identisch sind. In diesem Fall liegt in der gesamten Hyperebene ein Polpaar an der betreffenden Stelle auf $\partial\Gamma$. Dieser Fall tritt auf, wenn der offene Kreis ein Polpaar auf $\partial\Gamma$ hat, das über den Ausgang $\underline{y} = \underline{C}\,\underline{x}$ nicht beobachtbar ist und deshalb in dem durch $\underline{C}$ festgelegten Unterraum nicht verändert werden kann.)

Entsprechende singuläre Fälle können auch bei den reellen Grenzen nach Gl. (7.5.13) auftreten: Ist $\underline{C}\,\underline{W}\,\underline{\beta}_L = \underline{0}$, so kann für $\underline{a}'\underline{\beta}_L \neq -\tau_L{}^n$ kein reeller Pol nach τ_L gelegt werden, für $\underline{a}'\underline{\beta}_L = -\tau_L{}^n$ liegt dagegen für alle k_y einer dort.

7.6 D-Zerlegung

Eine Möglichkeit, das Gebiet schöner Stabilität im K-Raum sichtbar zu machen, besteht in der grafischen Darstellung. Diese ist jedoch beschränkt auf zwei- oder dreidimensionale Schnitte. Die größte Anschaulichkeit wird bei zweidimensionalen Schnitten erreicht, hierzu können auch einfache Rechner-Grafik-Systeme ohne komfortable perspektivische Darstellungen verwendet werden. Bereits die gleichzeitige Betrachtung von zwei Reglerparametern führt zu einer sehr nützlichen Ergänzung des Wurzelortskurvenverfahrens. Gegenüber der Wurzelortskurve verliert man bei der Polgebietsvorgabe die Information über die exakte Pollage. Diese kann man sich jedoch für jeden interessierenden Punkt des K-Raums durch Berechnung der Eigenwerte und Darstellung zusammen mit der Grenzkurve $\partial\Gamma$ des Polgebiets in der Eigenwert-Ebene in einem zweiten Bild darstellen lassen. Andererseits kann man die Abhängigkeit der Polgebietszugehörigkeit der Eigenwerte von zwei Reglerparametern k_a, k_b gleichzeitig betrachten durch Darstellung des schönen Stabilitätsgebiets in der k_a-k_b-Ebene.

Die Lage dieses zweidimensionalen Schnitts kann z.B. durch Wahl der übrigen Reglerparameter festgelegt werden. In Gl. (7.5.13) und (7.5.14) werden dazu alle Elemente von $\underline{k}_y$ bis auf zwei, nämlich k_a und k_b, festgelegt. Damit ergibt sich für jede reelle Grenze eine Gerade

$$d_o + d_a k_a + d_b k_b = 0 \qquad\qquad (7.6.1)$$

als Schnitt der Hyperebene mit der k_a-k_b-Ebene. Jeder Punkt der komplexen Grenze, entsprechend einer bestimmten Lage α eines Eigenwertpaars auf $\partial\Gamma$, ergibt sich als Schnittpunkt von zwei Geraden gemäß Gl. (7.5.14)

$$e_o(\alpha) + e_a(\alpha)k_a + e_b(\alpha)k_b = 0$$
$$\qquad\qquad (7.6.2)$$
$$f_o(\alpha) + f_a(\alpha)k_a + f_b(\alpha)k_b = 0$$

Der Rechenaufwand zur Bestimmung dieser Geraden ist gering, die folgenden Beispiele wurden mit dem Taschenrechner ausgerechnet. Das Verfahren ist für ein interaktives Entwerfen mit Rechner-Grafik geeignet, bei dem in einzelnen Entwurfsschritten Schnitte in verschiedenen Richtungen gelegt werden, um $\underline{k}_y$ iterativ festzulegen. Dies ist insbesondere bei dem in Kapitel 8 behandelten Entwurf robuster Regelungssysteme vorteilhaft.

Die Darstellung des Stabilitätsgebiets in einer Ebene von zwei
Polynomkoeffizienten oder Reglerparametern geht auf Arbeiten
von Vishnegradsky [1876], Neimark [47.2], [48.2], Mitrovic [58.6]
und Siljak [64.11], [69.8] zurück. In diesen Arbeiten wird das
charakteristische Polynom

$$P(s,\underline{k}) = p_0(\underline{k}) + p_1(\underline{k})s + \ldots + p_{n-1}(\underline{k})s^{n-1} + s^n$$

in Abhängigkeit von den Reglerparametern $\underline{k}$ aufgestellt und für
reelle bzw. konjugiert komplexe Werte von s auf der Grenze $\partial\Gamma$
getrennt nach Real- und Imaginärteil gleich Null gesetzt. Die
Kombination mit der Polvorgabe bzw. Polgebietsvorgabe durch
Zustandsvektor-Rückführung wurde in [79.3], [80.6] eingeführt
und in [81.3] auf die hier dargestellte Form gebracht.

Beispiel 1:

$$\underline{x}[k+1] = \begin{bmatrix} 0 & 1 & 0 \\ 0 & 0 & 1 \\ 0,6 & -2 & 2,1 \end{bmatrix} \underline{x}[k] + \begin{bmatrix} 0 \\ 0 \\ 1 \end{bmatrix} u[k] \qquad (7.6.3)$$

Das System ist instabil (Eigenwerte bei
$z_1 = 0,5$; $z_{2,3} = 0,8 \pm j\sqrt{0,56}$), es soll durch eine
Rückführung

$$u[k] = -[k_1 \quad 0 \quad k_3]\,\underline{x}[k] \qquad (7.6.4)$$

stabilisiert werden. Der zweidimensionale Schnitt ist
also durch $k_2 = 0$ festgelegt.

Anschaulich kann man sich die Lösung dieses Problems wie
folgt vorstellen: Stabilitätsgebiet ist der Einheitskreis,
der für n = 3 zu dem Stabilitätsgebiet nach Bild 7.2 im
P-Raum führt. Dieses wird affin in den K-Raum abgebildet.
Das heißt: Die Ecken 0, 1, 2 und 3 werden über Gl. (7.5.2)
in den K-Raum abgebildet. In dem hierdurch gegebenen
Tetraeder bleiben alle Geraden und Ebenen Geraden und
Ebenen. Auch die Teilungsverhältnisse der Kanten bleiben

erhalten. Das Beispiel wurde so gewählt, daß der Schnitt
$k_2 = 0$ im K-Raum in der Nähe der abgebildeten Ecken
0 und 3 das Stabilitätsgebiet schneidet. In der k_1-k_3-
Ebene besteht es daher aus zwei Zusammenhangskomponenten.
Ihre Berandung wird wie folgt berechnet:

Für den Einheitskreis ist in Gl. (7.4.1) $\tau_L = -1$, $\tau_R = 1$,
d.h. für $n = 3$

$$\underline{p}'\underline{\beta}_L = [p_0 \quad p_1 \quad p_2] \; [1 \quad -1 \quad 1]' \quad = \quad 1$$

$$\underline{p}'\underline{\beta}_R = [p_0 \quad p_1 \quad p_2] \; [1 \quad 1 \quad 1]' \quad = \quad -1$$

(7.6.5)

In Gl. (7.4.2) wird $q_0 = 1$ und $q_1 = -2\tau$, $-1 \leq \tau \leq 1$.
Damit lautet Gl. (7.4.4) $d_0 = 1$, $d_1 = 2\tau$, $d_2 = 4\tau^2 - 1$
und Gl. (7.4.6)

$$\underline{p}'[\underline{\gamma}_1 \quad \underline{\gamma}_2] = [p_0 \quad p_1 \quad p_2] \begin{bmatrix} 1 & 0 \\ 0 & 1 \\ -1 & 2\tau \end{bmatrix} = [2\tau \quad 1-4\tau^2]$$

(7.6.6)

Bei der Regelstrecke von Gl. (7.6.3) ist nach Gl. (7.5.6)
$\underline{W} = [\underline{D}_0\underline{b} \quad \underline{D}_1\underline{b} \quad \underline{D}_2\underline{b}] = \underline{I}$, $\underline{a}' = [-0,6 \quad 2 \quad -2,1]$.
Das System ist bereits in Regelungs-Normalform, die Trans-
formationsmatrix $\underline{W}$ ist also die Einheitsmatrix. Es wird
damit

$$\underline{p}' = \underline{a}' + \underline{k}'\underline{W} = [-0,6 \quad 2 \quad -2,1] + [k_1 \quad 0 \quad k_3]$$

in die Gln. (7.6.5) und (7.6.6) eingesetzt

$$[k_1-0,6 \quad 2 \quad k_3-2,1] \; [1 \quad -1 \quad 1]' = 1$$

$$[k_1-0,6 \quad 2 \quad k_3-2,1] \; [1 \quad 1 \quad 1]' = -1$$

$$[k_1-0,6 \quad 2 \quad k_3-2,1] \begin{bmatrix} 1 & 0 \\ 0 & 1 \\ -1 & 2\tau \end{bmatrix} = [2\tau \quad 1-4\tau^2]$$

Die reellen Grenzen sind die beiden Geraden

$$k_1 + k_3 = 5,7$$
$$k_1 + k_3 = -0,3$$

$$(7.6.7)$$

Aufgrund der speziellen Wahl der Schnittebene in Gl. (7.6.5) sind die beiden Geraden parallel, anschaulich bedeutet dies in dem zu Bild 7.2 affinen Gebiet, daß die Schnittebene parallel zur Abbildung der Geraden durch die Ecken 1 und 2 liegt. Es ist nicht möglich, gleichzeitig einen Pol nach $z = 1$ und einen nach $z = -1$ zu legen.

Die komplexe Grenze ergibt sich als Schnitt der beiden Geraden

$$\left.\begin{array}{l} k_1 - k_3 = 2\tau - 1,5 \\[2ex] 2\tau k_3 = -1 + 4,2\tau - 4\tau^2 \end{array}\right\} \quad -1 \leq \tau \leq 1 \qquad (7.6.8)$$

In dieser Darstellung mit dem Parameter τ ergibt die Auflösung von Gl. (7.6.8) nach k_1 und k_3

$$k_3(\tau) = -\frac{1}{2\tau} + 2,1 - 2\tau$$

$$k_1(\tau) = -\frac{1}{2\tau} + 0,6 \qquad\qquad (7.6.9)$$

In diesem Beispiel könnte man auch τ aus Gl. (7.6.8) eliminieren. Man erhält dann die Hyperbel-Gleichung

$$k_3 = k_1 + 1,5 + \frac{1}{k_1 - 0,6} \qquad\qquad (7.6.10)$$

Bei Beispielen höherer Ordnung läßt sich im allgemeinen die Beziehung nicht mehr nach k_i auflösen. Im übrigen hat die parametrische Darstellung der Kurve in Gl. (7.6.9) den Vorteil, daß die Kurve nur für das Intervall $-1 \leq \tau \leq 1$ berechnet werden muß. Die Hyperbel (7.6.10) führt dagegen auf Polynome mit dem Faktor $z^2 - 2\tau z + 1$, d.h. Nullstellen bei $z_{1,2} = \tau \pm \sqrt{\tau^2 - 1}$. Diese liegen für $|\tau| > 1$ nicht auf dem Einheitskreis, sondern bei reellen Werten $z_1 = 1/z_2$.

Der Teil der Hyperbel, der durch Gl. (7.6.9) für
$|\tau| \leq 1$ dargestellt wird, geht bei $\tau = 0$ durch Unendlich,
die Asymptote für $\tau \to 0$ ist $k_3 = k_1 + 1,5$. $\tau = 0$, d.h.
$z = \pm j$ ist ein singulärer Fall, mit $k_2 = 0$ kann kein Polpaar dorthin gelegt werden. In Bild 7.7 ist diese Hyperbel
zusammen mit den beiden Geraden nach Gl. (7.6.7) dargestellt.

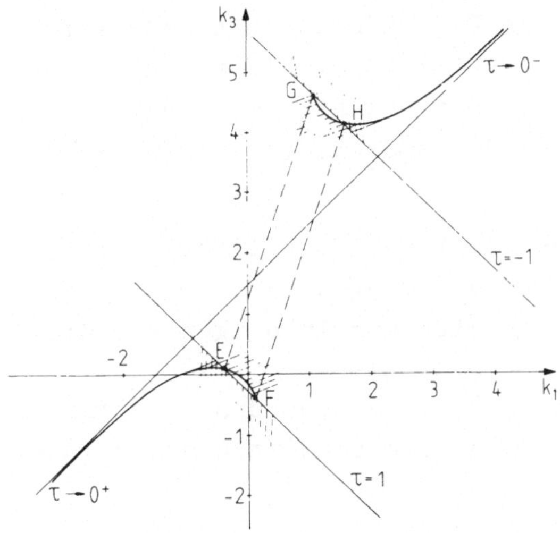

Bild 7.7 Das Stabilitätsgebiet des Systems (7.6.3) besteht
in der k_1 - k_3-Ebene aus zwei Zusammenhangskomponenten bei EF und GH.

Von Schraffur umgeben sind die beiden kleinen Stabilitätsgebiete bei EF und GH. Die Koordinaten dieser Eckpunkte
und die zugehörigen Eigenwerte des geschlossenen Kreises
sind in der folgenden Tabelle angegeben:

	k_1	k_3	Eigenwerte
E	-0,4	0,1	$1,\ e^{\pm j 60^{\circ}}$
F	0,1	-0,4	1, 1, 0,5
G	1,1	4,6	-1, -1, -0,5
H	1,6	4,1	$-1,\ e^{\pm j 120^{\circ}}$

44

Eine stabilisierende Lösung im Gebiet bei EF ist z.B.
$k_1 = -0,14$, $k_3 = -0,14$ mit den Eigenwerten $0,959$;
$0,878 \cdot e^{\pm j43^{o}}$.

An diesem Beispiel lassen sich einige Aspekte der Ausgangsvektor-Rückführung diskutieren.

1. Da das Stabilitätsgebiet im P-Raum und damit sein affines Abbild im K-Raum nicht konvex ist, ist die Lösungsmenge, die in einer Schnittebene liegt, nicht immer zusammenhängend. Für $n = 3$ sind in Bild 7.2 die möglichen Fälle zu erkennen:

   a) kein Schnitt einer Ebene mit dem Stabilitätsgebiet,
   b) eine zusammenhängende Lösungsmenge,
   c) zwei Zusammenhangskomponenten wie im obigen Beispiel.

   Frage: Wieviel Zusammenhangskomponenten können es für gegebenes $n > 3$ in zweidimensionalen Schnitten maximal sein?

2. Solche nichtkonvexen Nebenbedingungen führen zu Schwierigkeiten bei numerischen Optimierungsalgorithmen. Man kann dann zu einem lokalen Minimum geführt werden und es hängt von den Anfangswerten ab, ob man das absolute Minimum findet, siehe z.B. [75.3]. Im Beispiel nach Bild 7.7 dürfte es wohl kaum möglich sein, mit einem stabilisierenden Startwert im Gebiet bei GH (z.B. $k_1 = 1,3$, $k_4 = 4,3$) mit stark oszillierender, langsam abklingender Stellgröße eine in dieser Hinsicht günstigere Lösung bei EF zu finden.

3. Bei Optimierungsverfahren, die eine stochastische Suche oder eine systematische Suche in einem Suchraster durchführen, ist es hilfreich, den Suchraum zu beschränken. Das ist hier das Viereck EFHG, allgemein der Schnitt der betrachteten Ebene mit der konvexen Hülle des Stabilitätsgebiets. Dieser Schnitt ist entweder leer, dann existiert keine Lösung, oder er ist ein konvexes Polygon. Das Beispiel legt nahe, daß Punkte in der konvexen Hülle, die nahe

bei den reellen Grenzen liegen, besonders vielversprechende Kandidaten sind; dies muß aber bei n > 3 nicht immer der Fall sein.

Beispiel 2:

Für das Beispiel Dreifachintegrator, Gl. (7.5.15), und Lage aller Eigenwerte des diskreten geschlossenen Kreises in der Spirale $\partial\Gamma(\alpha)=e^{-\alpha}\cdot e^{\pm j\alpha}$, $0 \le \alpha \le \pi$, wurde das dreidimensionale Stabilitätsgebiet berechnet. Um es zu veranschaulichen, soll es in Schnitten mit festem k_1 dargestellt werden. Die linke reelle Grenze erhält man aus Gl. (7.5.19)

$$-0,4991\ k_2 + 1,0883\ k_3 = 1,1353 - 0,1382\ k_1 \qquad (7.6.11)$$

Die rechte reelle Grenze ist nach Gl. (7.5.20) identisch mit der Schnittebene, falls wir $k_1 = 0$ wählen, d.h. dann liegt in der gesamten Ebene ein Eigenwert bei $z = 1$. Für $k_1 \ne 0$ ergibt sich dagegen kein Schnitt. Die komplexe Grenze erhält man aus Gl. (7.5.21)

$$[k_2 \quad k_3]\begin{bmatrix} -3(1+e^{-2\alpha}) & -6\cos\alpha \\ 6(1-e^{-2\alpha}) & 12(\cos\alpha-e^{-\alpha}) \end{bmatrix} =$$

$$= [6-18e^{-2\alpha}+12e^{-3\alpha}\cos\alpha-k_1(1-e^{-2\alpha})\ ,\ 12\cos\alpha-18e^{-\alpha}+6e^{-3\alpha}-k_1(2\cos\alpha+4e^{-\alpha})]$$

Die beiden Spalten liefern die Beziehungen

$$-3(1+e^{-2\alpha})k_2+6(1-e^{-2\alpha})k_3=6-k_1+e^{-2\alpha}(k_1-18)+12e^{-3\alpha}\cos\alpha$$

$$-6k_2\cos\alpha+12(\cos\alpha-e^{-\alpha})k_3=(12-2k_1)\cos\alpha-(18+4k_1)e^{-\alpha}+6e^{-3\alpha}$$

Für $\cos\alpha \ne 0$ ergibt die Auflösung nach k_3

$$k_3 = \frac{9+2k_1+(6+2k_1)e^{-2\alpha}-3e^{-4\alpha}+2e^{-\alpha}(k_1-12)\cos\alpha+12e^{-2\alpha}\cos^2\alpha}{6[1+e^{-2\alpha}-2e^{-\alpha}\cos\alpha]} \qquad (7.6.12)$$

und k_2 kann nach einer der beiden obigen Gleichungen bestimmt werden.

Einen Anhaltspunkt für die anfängliche Festlegung von k_1 liefert die Vorgabe eines Polynoms

$$P(z) = (z-0,5)^3 = z^3 - 1,5z^2 + 0,75z - 0,125$$

dessen Nullstellen etwa in der Mitte des Gebiets Γ liegen. Dieses erfordert

$$\underline{k}' = (\underline{p}' - \underline{a}')\underline{W}^{-1} = ([-0,125 \quad 0,75 \quad -1,5] - [-1 \quad 3 \quad -3])\underline{W}^{-1}$$

$$= \frac{1}{6} [0,875 \quad -2,25 \quad 1,5] \begin{bmatrix} 6 & -6 & 2 \\ 6 & 0 & -1 \\ 6 & 6 & 2 \end{bmatrix}$$

$$= [1/8 \quad 5/8 \quad 7/6]$$

Es wird $k_1 = 1/8 = 0,125$ gewählt. Damit ist die reelle Grenze

$$k_3 = 0,459 k_2 + 1,027$$

und die komplexe Grenze

$$k_3(\alpha) = \frac{9,25 + 6,25e^{-2\alpha} - 3e^{-4\alpha} - 23,75e^{-\alpha}\cos\alpha + 12e^{-2\alpha}\cos^2\alpha}{6[1 + e^{-2\alpha} - 2e^{-\alpha}\cos\alpha]}$$

$$k_2(\alpha) = \frac{6(1 - e^{-2\alpha})k_3(\alpha) - 5,875 + 17,875e^{-2\alpha} - 12e^{-3\alpha}\cos\alpha}{3(1 + e^{-2\alpha})}$$

Diese Grenzen sind in Bild 7.8 dargestellt. Im Punkt A ($k_2 = 1,203$, $k_3 = 1,579$) liegt ein doppelter reeller Eigenwert bei der linken reellen Grenze $z = \tau_L = -0,0432$. Im Punkt B ($k_2 = 0,569$, $k_3 = 1,288$) liegt ein einfacher Eigenwert bei τ_L und ein konjugiert komplexes Polpaar auf der logarithmischen Spirale $\partial\Gamma = e^{-\alpha} \pm e^{\pm j\alpha}$ bei $\alpha \approx 16°$. C ist der Ausgangspunkt mit $P(z) = (z-0,5)^3$. Es sei hier auch ein Vergleich der Rechenzeiten angegeben: Mit dem Taschenrechner HP 67 erfordert die Berechnung eines Punktes $k_2(\alpha)$, $k_3(\alpha)$ der komplexen Grenze 8,8 Sekunden. Die Fakto-

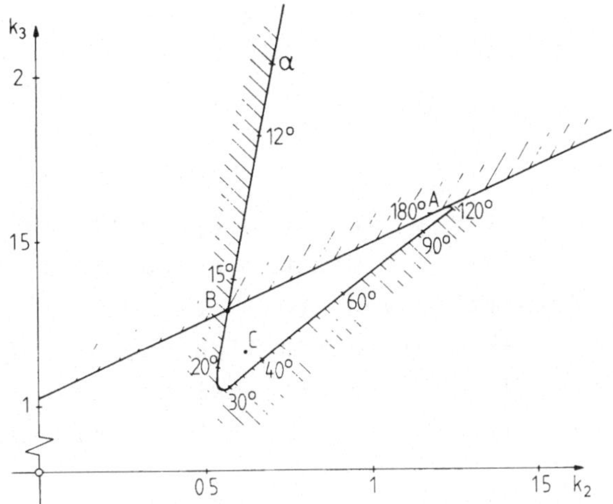

Bild 7.8   Schönes Stabilitätsgebiet ($\partial\Gamma = e^{-\alpha} \cdot e^{\pm j\alpha}$)
für den diskretisierten Dreifach-Integrator
mit $k_1 = 0,125$

risierung für einen angenommenen Punkt in der Ebene erfordert dagegen 160 Sekunden. In dieser Zeit können 18 Punkte bestimmt werden, die bereits zum Zeichnen des gesamten Bildes 7.8 ausreichen. Dabei wird u.a. mit wenigen Versuchen für B der Wert $\alpha = 16,15^{\circ}$ und damit die Faktorisierung

$z_1 = -0,043$, $z_{2,3} = 0,754 \cdot e^{\pm j 16,15^{\circ}}$ mit ausreichender Genauigkeit bestimmt.

Beispiel 3:

Die Verladebrücke nach Gl. (2.1.15) mit den physikalischen Parameterwerten $m_k = 1000$ kg, $m_L = 3000$ kg, $\ell = 10$ m, $g = 10$ m/sec² soll in kontinuierlicher Zeit so geregelt werden, daß alle Eigenwerte links von dem linken Ast der Hyperbel

$$\partial\Gamma: \omega^2(\sigma) = 4\sigma^2 - 0,25, \quad \sigma < -0,25 \tag{7.6.13}$$

in der $s(= \sigma + j\omega)$-Ebene liegen. Dabei ist die Struktur der Rückführung wie folgt eingeschränkt:

a) Die Seilwinkelgeschwindigkeit x_4 ist schlecht zu messen.
Es soll versucht werden, ohne ihre Rekonstruktion durch
einen Beobachter oder angenäherten Differenzierer auszu-
kommen, d.h. $k_4 = 0$.

b) Die Position der Laufkatze x_1 muß zurückgeführt werden,
da sonst ein Eigenwert bei $s = 0$ nicht beobachtbar ist.
Bei der typischen Transition von $x(0) = [1 \quad 0 \quad 0 \quad 0]'$
nach $\underline{x} = \underline{0}$ ist $u(0) = -k_1$. Die anfänglich aufzubringende
Spitzenkraft ist also direkt proportional k_1, so daß k_1
nicht zu groß werden soll, es wird $k_1 = 500$ festgelegt.

Die Rückführung ist demnach

$$u = - [500 \quad k_2 \quad k_3 \quad 0]\underline{x} \tag{7.6.14}$$

Das schöne Stabilitätsgebiet nach Gl. (7.6.13) soll in dieser k_2-k_3-Ebene dargestellt werden.

Es tritt eine reelle Grenze bei $\sigma = -0,25$ auf, d.h.

$$[p_0 \quad p_1 \quad p_2 \quad p_3]\underline{\beta} = -0,25^4 \, , \quad \underline{\beta} = [1 \quad -0,25 \quad 0,25^2 \quad -0,25^3]$$

$$\tag{7.6.15}$$

Das charakteristische Polynom mit Nullstellen auf der komplexen Grenze lautet

$$P(s) = (q_0 + q_1 s + s^2)(r_0 + r_1 s + s^2)$$

mit $q_0 = \sigma^2 + \omega^2(\sigma) = 5\sigma^2 - 0,25$, $q_1 = -2\sigma$. Nach Gl. (7.4.4)
erhält man $d_0 = 1$, $d_1 = 2\sigma$, $d_2 = 0,25 - \sigma^2$, $d_3 = \sigma(1-12\sigma^2)$
und gemäß Gl. (7.4.6)

$$\underline{p}'[\underline{Y}_1 \quad \underline{Y}_2] = [p_0 \quad p_1 \quad p_2 \quad p_3] \begin{bmatrix} 1 & 0 \\ 0 & 1 \\ 0,25-5\sigma^2 & 2\sigma \\ \sigma(0,5-10\sigma^2) & 0,25-\sigma^2 \end{bmatrix} =$$

$$= [(5\sigma^2-0,25)\cdot(0,25-\sigma^2) \quad \sigma(12\sigma^2-1)] \tag{7.6.16}$$

In den Gln. (7.6.15) und (7.6.16) wird nun $\underline{p}'$ ersetzt durch $\underline{a}' + \underline{k}'\underline{W}$. $\underline{W}$ und $\underline{a}'$ wurde bereits in Gl. (2.6.29) bestimmt zu

$$\underline{W} = \frac{1}{\ell m_k} \begin{bmatrix} g & 0 & \ell & 0 \\ 0 & g & 0 & \ell \\ 0 & 0 & -1 & 0 \\ 0 & 0 & 0 & -1 \end{bmatrix} = 10^{-4} \begin{bmatrix} 10 & 0 & 10 & 0 \\ 0 & 10 & 0 & 10 \\ 0 & 0 & -1 & 0 \\ 0 & 0 & 0 & -1 \end{bmatrix}$$

$$\underline{a}' = [0 \quad 0 \quad \omega_L^2 \quad 0] \quad , \quad \omega_L^2 = \frac{m_L + m_k}{m_k} \cdot \frac{g}{\ell} = 4$$

Also ist

$$\underline{p}' = \underline{a}' + \underline{k}'\underline{W} = [0 \quad 0 \quad 4 \quad 0] + [500 \quad k_2 \quad k_3 \quad 0] \, \underline{W}$$

$$= [0,5 \quad 0,001k_2 \quad 4,5-0,0001k_3 \quad 0,001k_2] \tag{7.6.17}$$

Aus Gl. (7.6.15) ergibt sich damit die reelle Grenze

$$k_3 = -42,5k_2 + 125625 \tag{7.6.18}$$

und aus Gl. (7.6.16) die komplexe Grenze

$$(5\sigma^2 - 0,25)k_3 + 5\sigma(1 - 20\sigma^2)k_2 = -16875 + 240000\sigma^2 - 500000\sigma^4$$

$$(12,5 - 10\sigma^2)k_2 - 2\sigma k_3 = 10000\sigma(12\sigma^2 - 1)$$

Die Auflösung der beiden linearen Gleichungen liefert

$$k_2(\sigma) = \frac{\sigma(35 + 200\sigma^2 - 2000\sigma^4)}{(\sigma^2 - 0,05)(\sigma^2 - 0,25)}$$

$$k_3(\sigma) = \frac{(12,5 - 10\sigma^2)}{2\sigma} k_2(\sigma) + 5000(10 - 12\sigma^2) \tag{7.6.19}$$

k_2 und k_3 gehen gegen Unendlich für

a) $\sigma = \pm\sqrt{0,05} = \pm 0,2236$ außerhalb Γ
b) $\sigma = \pm\sqrt{0,25} = \pm 0,5$ nur $-0,5$ in Γ
c) $\sigma \to \pm\infty$

Die Asymptote für σ = -0,5 ist

$$k_3 = -10k_2 + 35\ 000 \qquad\qquad (7.6.20)$$

Für den Schnitt der komplexen Grenze mit der reellen Achse bei
σ = -0,25 ergibt sich $k_2(-0,25) = 4233,333$; $k_3(-0,25) = -54291,666$.
Dieser Punkt A liegt zugleich auch auf der Geraden (7.6.18). Das
schöne Stabilitätsgebiet ist in Bild 7.9 dargestellt.

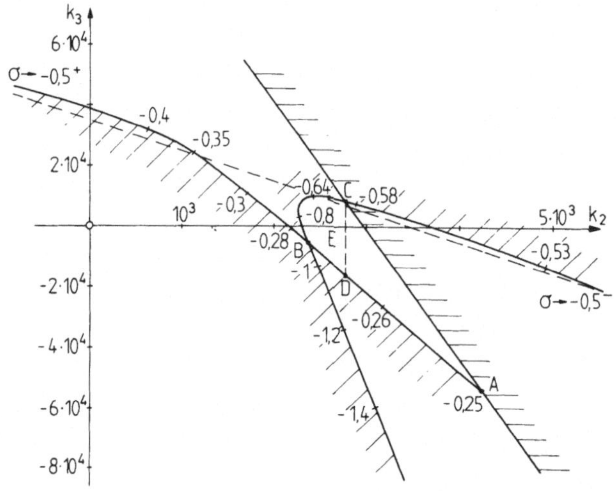

Bild 7.9   Schönes Stabilitätsgebiet ABC für die Verladebrücke
           in der Schnittebene $k_1 = 500$, $k_4 = 0$.

Mit σ = -0,25 beginnt die komplexe Grenze bei A (doppelter reeller
Pol) und läuft für σ → -0,5 gegen die Asymptote nach Unendlich.
Aus der entgegengesetzten Asymptotenrichtung kommt sie zurück
und schneidet zunächst für σ = -0,591 an der Stelle C
(k_2 = 2769, k_3 = 7943) die reelle Grenze. Hier liegt ein reeller
Eigenwert bei s = -0,25 und ein komplexes Paar auf der Grenze ∂Γ
bei s = -0,591 ± j1,071. An der Stelle B (k_2 = 2366, k_3 = -5000)
schneidet sich die komplexe Grenze selbst, d.h. es liegen zwei
konjugiert komplexe Polpaare auf der Grenze und zwar für σ = -0,275
bei s = -0,275 ± j0,231 und für σ = -0,908 bei s = -0,908 ± j1,745.
Für σ → -∞ ergibt sich das asymptotische Verhalten schließlich
aus Gl. (7.6.19) $k_2^2 = -80\ k_3$.

Innerhalb des Gebiets ABC liegen die Rückführverstärkungen, die alle Eigenwerte links von der Hyperbel (7.6.13) plazieren. Wir wählen z.B. den Punkt E (k_2 = 2667, k_3 = O) aus, bei dem auch auf die Rückführung des Seilwinkels x_3 verzichtet wird. Mit Gl. (7.6.17) berechnen wir $P(s) = 0,5+2,667s+4,5s^2+2,667s^3+s^4$ mit den Wurzeln $-0,420 \pm j0,057$ und $-0,914 \pm j1,397$. Mit dem Taschenrechner HP 67 erfordert diese Faktorisierung 160 Sekunden, die Berechnung eines Punktes der komplexen Grenze nach Gl. (7.6.19) dagegen nur 4,8 Sekunden. Man könnte also in der gleichen Zeit 33 Punkte ausrechnen, so viele sind aber gar nicht erforderlich, zumal wir die Asymptote kennen. Mit dem Bild 7.9 gewinnen wir die Information über die relative Pollage zu $\partial\Gamma$ für die gesamte Ebene, mit der Faktorisierung dagegen nur für einen Punkt dieser Ebene. Es zeigt sich hier der große Vorteil, der darin liegt, aus den Nullstellen auf $\partial\Gamma$ das Polynom zu bestimmen anstatt es zu faktorisieren.

In den drei betrachteten Beispielen wurde die Schnittebene jeweils durch Wahl einzelner Rückführverstärkungen festgelegt. Daneben besteht auch die Möglichkeit, die Schnittebene so zu legen, daß n - 2 Eigenwerte unverändert bleiben [82.2], siehe auch Gl. (2.6.55). Die beiden freien Parameter in der Schnittebene sind dann Linearkombinationen von Rückführverstärkungen.

7.7 Übungen

7.1 Für ein Polynom $P(z) = p_0 + p_1 z + z^2$ soll in der p_0-p_1-Ebene das Gebiet dargestellt werden, das zu konjugiert komplexen Nullstellen von $P(z)$ im Einheitskreis führt. Hinweis: Bei stetiger Änderung von p_0 und p_1 ist ein Übergang von zwei konjugiert komplexen zu zwei reellen Eigenwerten nur über den Fall eines doppelten reellen Polpaares möglich.

7.2 Bei einem Gleichstrommotor mit konstantem Feld $\emptyset$ sei der Zustandsvektor $\underline{x} = [\alpha \quad \omega \quad i]'$ mit

α: = Drehwinkel, ω: = Drehwinkelgeschwindigkeit,
i: = Ankerstrom. Eingang ist die Spannung u.
Annahmen: Lastmoment M_L proportional zur Drehwinkelgeschwindigkeit, d.h. $M_L = c\omega$, $c > 0$. Weiterhin ist Θ = Trägheits-
moment, R = Anker-Widerstand, L = Anker-Induktivität. Dann ist

$$\Theta d^2\alpha/dt^2 = c_2\emptyset i - c\omega$$

$$Ldi/dt + Ri = u - c_1\emptyset\omega$$

Die Konstanten $\emptyset$, Θ, L, R, c, c_1 und c_2 seien so gewählt, daß

$$\underline{\dot{x}} = \begin{bmatrix} 0 & 1 & 0 \\ 0 & -2 & 1 \\ 0 & -1 & -1 \end{bmatrix} \underline{x} + \begin{bmatrix} 0 \\ 0 \\ 1 \end{bmatrix} u$$

Es soll die Menge aller Zustandsvektor-Rückführungen
$u = -\underline{k}'\underline{x} + k_1 r = k_1 (r-x_1) - k_2 x_2 -k_3 x_3$ mit $k_1 = 1$
derart bestimmt werden, daß ein negativ reeller Eigenwert und
zwei konjugiert komplexe Eigenwerte mit einer Dämpfung $\geq 1/\sqrt{2}$
auftreten. (Siehe Hinweis zu Übung 7.1).

7.3 Für das Beispiel Dreifachintegrator, siehe Gl. (7.6.12), soll
die Schnittebene durch das schöne Stabilitätsgebiet
$\partial\Gamma = e^{-\alpha}\cdot e^{\pm j\alpha}$ durch Wahl von k_1 so gewählt werden, daß sie den
"deadbeat"-Punkt, d.h. die Abbildung von $P(z) = z^3$ enthält.
Für welchen k_3-Bereich um die deadbeat-Lösung ist schöne Stabilität robust? Vergleichen Sie mit der Lösung von Bild 7.8.

7.4 Die Verladebrücke wird diskret mit $T = \pi/8$ geregelt. Es wird
der gleiche Regleransatz Gl. (7.6.14) wie in kontinuierlicher
Zeit gemacht. Für m_k = 1000 kg, m_L = 3000kg, ℓ = 10 m,
g = 10 m/s^2 soll in der k_2-k_3-Ebene das Gebiet dargestellt
werden, für das die Eigenwerte in der z-Ebene in einem Kreis
mit dem Radius 0,5 um den Punkt z = 0,45 liegen.

7.5 Wie Aufgabe 7.4, das Polgebiet Γ ist jedoch das über
$z = e^{Ts}$ in die z-Ebene abgebildete Gebiet links der Parabel
(7.6.13). Diskutieren Sie den Einfluß der Abtastung durch
den Vergleich mit Bild 7.9.

8 Entwurf robuster Regelkreise

8.1 Empfindlichkeit und Robustheit

Bei den meisten Regelstrecken ist das mathematische Modell nicht
genau bekannt oder es ist für den Reglerentwurf zu kompliziert
(z.B. nichtlinear). Man führt dann den Reglerentwurf mit einem
vereinfachten Modell und nominellen Werten der Strecken-Parameter
durch. Ein wichtiges Entwurfsziel ist dabei, den Einfluß von Para-
meter-Unsicherheiten, vernachlässigter Dynamik und Nichtlinearität
auf die Dynamik des geschlossenen Kreises in Grenzen zu halten.
Als Beispiel betrachten wir wieder die Verladebrücke. Die Regelung
sollte sowohl den leeren Lasthaken als auch die Maximallast schnell
und genau positionieren. Sie sollte dies auch bei unterschiedlichen
konstanten Seillängen tun. Wünschenswert ist weiter, daß durch die
bei der Modellbildung vernachlässigte Nichtlinearität, Stellglied-
dynamik usw. keine wesentliche Verschlechterung eintritt.

Einige Grundprobleme des Entwurfs sollen für einen Regelkreis mit
Einheits-Rückführung und der Übertragungsfunktion $K \cdot G_0(s)$ im Vor-
wärtszweig erläutert werden. Seine Führungs-Übertragungsfunktion
ist $KG_0(s)/[1+KG_0(s)]$. Für große K nähert sie sich dem Idealwert
Eins, wobei Änderungen von $G_0(s)$ keinen Einfluß mehr haben, solange nur der Kreis stabil bleibt. Stabilität für $K \to \infty$ ist nur
erreichbar, wenn $G_0(s)$ keine Nullstellen in der rechten s-Halbebene hat und wenn der Polüberschuß von $G_0(s)$ höchstens zwei be-
trägt, wie man sich anhand der Asymptoten der Wurzelortskurve
leicht überlegen kann. Dies würde jedoch leicht zur Instabilität
durch Modellierungs-Ungenauigkeiten bei höheren Frequenzen, z.B.
vernachlässigte Stellglied- oder Struktur-Dynamik, führen. Die hohe

Kreisverstärkung wird daher nur innerhalb der gewünschten Band-
breite des Regelkreises angestrebt, für höhere Frequenzen sollte
die Verstärkung dagegen gering sein und wie $1/s^2$ abnehmen. Im
Übergang zwischen diesen Frequenzbändern entscheidet sich die
Stabilitätsreserve, siehe Bild 3.24. Sie kann durch verschiedene
Entwurfsverfahren sichergestellt werden. Bei der Festlegung der
Bandbreite des Regelkreises spielen die folgenden Gegebenheiten
eine Rolle:

. Bandbreite der ungeregelten Regelstrecke,
. Bandbreite der Führungs- und Störgrößen,
. Begrenzung der Bandbreite unterhalb der Frequenz
    der Strukturschwingungen bei mechanischen Systemen
. Begrenzung der Bandbreite durch die verfügbare Stelleistung
    bzw. Stellamplitude und -geschwindigkeit.

Da sich die ideale Führungs-Übertragungsfunktion Eins bei allen
Frequenzen aufgrund der genannten Einschränkungen nicht verwirk-
lichen läßt, wird oft ein gewünschtes nominales Verhalten, z.B.
in Form eines Referenz-Modells, vorgegeben. Hier nun unterscheidet sich die Problemformulierung der parameterunempfindlichen
und der robusten Regelung. Bei der parameterunempfindlichen Regelung wird angestrebt, daß kleine Parameteränderungen nur kleine Abweichungen vom gewünschten nominalen Verhalten (Referenz-
Modell, Referenz-Trajektorie) bewirken. Es handelt sich also um
eine lokale Eigenschaft, die nichts über das Verhalten bei großen
Parameteränderungen aussagt. Bei der robusten Regelung dagegen
läßt man durchaus eine lokale Empfindlichkeit gegenüber kleinen
Parameteränderungen zu, solange sich eine gewünschte Systemeigenschaft auch noch bei großen Parameteränderungen innerhalb vorgegebener Grenzen hält. Der Unterschied zwischen Unempfindlichkeit
und Robustheit soll durch die folgenden beiden Beispiele verdeutlicht werden. Es wird die Abhängigkeit der Dämpfung ζ eines komplexen Polpaares von einem Parameter α betrachtet.

Beispiel 1:

$$P(s) = s^3 + \sqrt{2}\, s^2 + s + \alpha \qquad\qquad (8.1.1)$$

Bild 8.1 zeigt die Wurzelortskurve in Abhängigkeit von α.

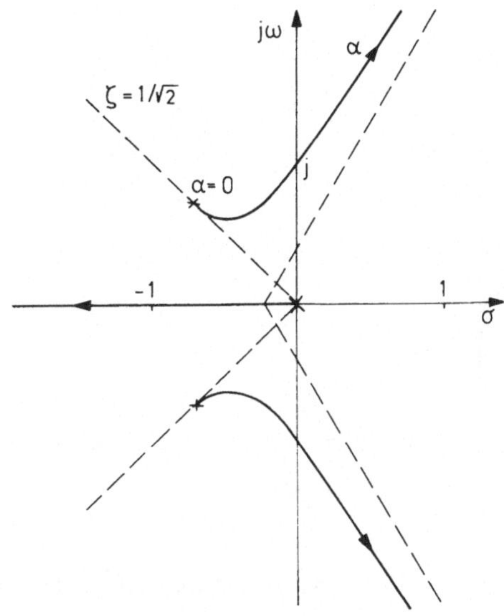

Bild 8.1 Dämpfung $1/\sqrt{2}$ ist unempfindlich für $\alpha = 0$, aber nicht robust.

Man sieht, daß sich die Dämpfung ζ des komplexen Polpaares in der Umgebung von $\alpha = 0$ nicht ändert, die Dämpfung ist hier unempfindlich gegenüber α, sie ist aber wenig robust gegenüber α, denn bereits bei $\alpha = \sqrt{2}$ wandert das Polpaar in die rechte s-Halbebene.

Beispiel 2:

$$P(s) = (s+\sqrt{2}-1)^2 + \alpha(s+\sqrt{2})$$

$$= s^2 + (\alpha+2\sqrt{2}-2)s + (\alpha\sqrt{2}+3-2\sqrt{2}) \qquad (8.1.2)$$

In der Wurzelortskurve von Bild 8.2 ist zu sehen, daß die Eigenschaft "Dämpfung ζ größer als $1/\sqrt{2}$" robust ist gegenüber Änderungen von α im Intervall $-0,121 < \alpha < \infty$. Bei $\alpha = 0$ hat die WOK einen Verzweigungspunkt. Bei einem Verzweigungspunkt ist die Lage der Eigenwerte sehr empfindlich gegenüber kleinen Parameteränderungen, im Beispiel ist die Empfindlichkeit der Dämpfung $d\zeta/d\alpha|_{\alpha=0} = -3,5$. Ein robustes System kann also lokal sehr empfindlich sein.

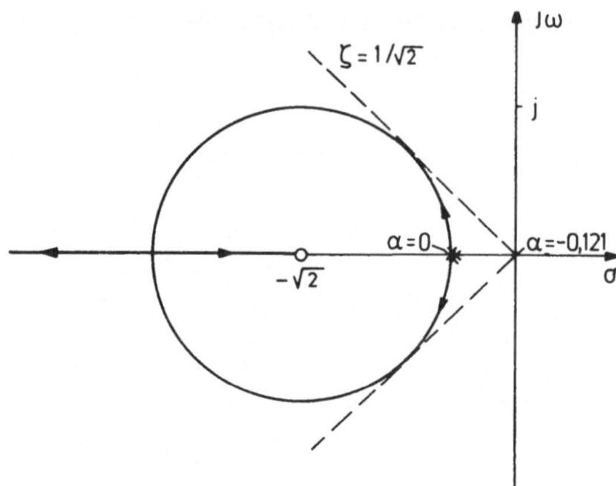

Bild 8.2 Dämpfung 1/√2̅ ist robust für -0,121 < α < ∞,
aber nicht unempfindlich für α = 0

Insbesondere bei Beschränkungen der Stellamplitude |u| oder bei
wesentlichem Meßrauschen sind Lösungen nicht günstig, die Unempfindlichkeit durch hohe Kreisverstärkung erreichen. Dagegen
läßt sich oft bereits mit mäßigen Stellamplituden Robustheit erzielen. Voraussetzung hierzu ist, daß man ein schnelles System
schnell läßt und ein langsames System langsam beläßt. Dieser Ge-
ser Gedanke soll wiederum anhand der Verladebrücke verdeutlicht
werden.

Beispiel: Verladebrücke

Gegeben seien die folgenden Parameterwerte: m_k = 1000 kg,
ℓ = 10 m, g = 10 m/s². Der Bereich der Lastmassen sei
50 kg $\leq m_L \leq$ 2395 kg. Wir werden später auf den Entwurf des
robusten Reglers eingehen, hier sei das Ergebnis vorwegge-
nommen. Die Eigenschaft "Eigenwerte links von der Hyperbel
ω^2 = 4σ² - 0,25" ist robust gegenüber der angegebenen Variation der Lastmasse mit einem Regler
$\underline{k}'$ = [500 2769 -21556 0].In Bild 8.3 ist strichpunktiert
die Wanderung der Eigenwerte des geschlossenen Kreises mit
Änderung der Lastmasse m_L dargestellt. In der Nähe des Ver-
zweigungspunktes bei $m_L \approx$ 1100 kg ändern sich die Eigenwerte
empfindlich bei kleinen Laständerungen. Dies hat jedoch
keinen unerwünschten Einfluß auf die Sprungantwort.

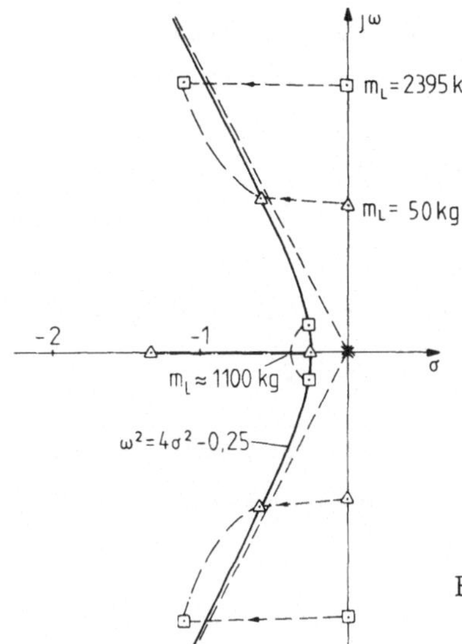

Bild 8.3 Ein schnelles System bleibt
schnell, ein langsames langsam.

Auf der imaginären Achse sind die Eigenwerte des ungeregelten
Systems aufgetragen. Bei großer Last m_L ist das ungeregelte
System schneller, entsprechend hat auch das geregelte System
weiter vom Ursprung entfernte Eigenwerte. Bei dieser robusten
Regelung werden die Eigenwerte, ausgehend von ihrer jeweiligen
Lage, nach links verschoben, um ihnen genügend Dämpfung zu geben. Bei der Sprungantwort vom Anfangszustand [0 0   0 0]'
in den Endzustand [1   0   0   0]' ist die maximale Stellampli-
tude $|u|$ = 500, sie tritt bei t = 0 auf. 500 Newton $\approx$ 50 Kilo-
pond ist eine relativ kleine Kraft zur Beschleunigung der
Masse von 1 bis 3,5 Tonnen. Mit so kleinen Kräften käme man
nicht aus, wenn man versuchen würde, die Eigenwerte des geschlossenen Kreises unabhängig von m_L stets in die gleiche
Lage zu bringen.

Robustheit eines Regelungssystems wird definiert durch eine Systemeigenschaft und eine Klasse von Störungen, gegenüber denen die
Eigenschaft robust sein soll. Interessierende Systemeigenschaften
können z.B. sein: Stabilität, "Schöne Stabilität" (definiert
durch ein Eigenwertgebiet Γ), Stabilitätsreserven im Frequenzbereich, maximales Überschwingen oder stationäre Genauigkeit der
Sprungantwort usw. In diesem Buch wird besonders die schöne Stabilität untersucht.

Störungen, die einen Einfluß auf diese Systemeigenschaften haben,
können z.B. sein: Veränderliche physikalische Parameter in bekann-
ter Modellstruktur, vernachlässigte Stellglied-Dynamik und -Nicht-
linearität, Modellierungs-Ungenauigkeiten der Regelstrecke (z.B.
vernachlässigte Struktur-Schwingungen), nichtideale Regler-Imple-
mentierung (z.B. Quantisierung, Totzeit für Rechnung, Zwischen-
speicherung und Wandlung von Daten), Sensor- und Stellgliedaus-
fall.

Große Änderungen physikalischer Parameter wie bei der Verladebrücke treten in vielen Regelungssystemen auf. Hierzu einige Beispiele:

Regelstrecke	Parameter
Flugzeug, Flugkörper	Höhe, Geschwindigkeit, Masse, Ausfall von Kreisel oder Beschleunigungsmesser
Spurgeführter Bus	Masse, Geschwindigkeit, Straßenoberfläche (z.B. trocken, naß, vereist)
Schiffssteuerung	Geschwindigkeit, Beladung
Tragflächenboot	Masse, Eintauchtiefe
Industrieroboter	Belastung, Stellung nachfolgender Gelenke
Werkzeugmaschine, hydraulische Antriebe	Haft- und Gleitreibung, Öltemperatur, Belastung
Wärmeaustauscher	Eingangs-Temperaturen und -Durchflüsse
Elektrische Energieerzeugung	Ausfall eines Kraftwerks

Häufig wird die nichtlineare Dynamik von Regelstrecken für kleine
Abweichungen von stationären Betriebszuständen (d.h. Werten der
angegebenen Parameter) linearisiert. Man erhält eine lineare
Differentialgleichung

$$\dot{\underline{x}} = \underline{A}(\underline{\Theta})\underline{x} + \underline{b}(\underline{\Theta})u \qquad\qquad (8.1.3)$$

in der die Dynamik-Matrix $\underline{A}$ und der Eingangsvektor $\underline{b}$ von dem physikalischen Parametervektor $\underline{\Theta}$ abhängen. Für diesen Vektor ist ein zulässiger Bereich Θ bekannt. In vielen Fällen ist das Paar $\underline{A}, \underline{b}$ nur für einige diskrete Werte von $\underline{\Theta}$ bekannt:

$$\underline{A}_j = \underline{A}(\underline{\Theta}_j) \quad , \quad \underline{b}_j = \underline{b}(\underline{\Theta}_j) \quad , \quad \underline{\Theta}_j \in \Theta, \; j = 1,\, 2 \ldots J \qquad (8.1.4)$$

Wir sprechen dann vom "Multimodell-Problem". Es ist vorteilhaft, das Problem so zu formulieren, daß die Meßmatrix $\underline{C}$ in

$$\underline{y} = \underline{C}\,\underline{x}$$

nicht von $\underline{\Theta}$ abhängt. Das geschieht am einfachsten dadurch, daß man die Meßgrößen als Zustandsgrößen verwendet. Im Beispiel der Verladebrücke haben wir die meßbaren Größen x_1 = Position der Laufkatze und x_3 = Seilwinkel als Zustandsgrößen eingeführt. Verwendet man dagegen Position und Geschwindigkeit des gemeinsamen Schwerpunkts von Laufkatze und Last als Zustandsgrößen, siehe Übung 2.1, so vereinfacht sich zwar die $\underline{A}$-Matrix zu einer Block-Diagonalgestalt, man handelt sich aber den Nachteil ein, daß jetzt $\underline{C}$ von $\underline{\Theta}$ abhängig wird.

Bei der robusten Regelung interessiert man sich insbesondere für den Entwurf von konstanten Reglern, deren Struktur und Parameter nicht von $\underline{\Theta}$ abhängen. Für die Struktur wird meist ein Ansatz gemacht, die darin auftretenden Parameter sollen so bestimmt werden, daß der Regler simultan allen Mitgliedern der Familie von Systemmodellen $\underline{A}_j$, $\underline{b}_j$ ein befriedigendes Verhalten gibt. Setzt man z.B. eine Zustandsvektor-Rückführung $u = -\underline{k}'\underline{x}$ an, und beschreibt die geforderte Systemeigenschaft durch ein Eigenwertgebiet Γ, so ist die Aufgabe, ein $\underline{k}'$ zu finden, so daß alle Nullstellen von

$$P_J(s) \;=\; \prod_{j=1}^{J} \det(s\underline{I} - \underline{A}_j + \underline{b}_j\underline{k}') \qquad\qquad (8.1.5)$$

in Γ liegen. Um ein globales Bild zu erhalten, versuchen wir insbesondere, die Menge aller solchen $\underline{k}'$ zu bestimmen. Der Grundge-

danke der Lösung läßt sich leicht unter Benutzung der in Kapitel
7 eingeführten Polgebietsvorgabe erläutern. Danach stellt ein
Paar $(\underline{A}_j, \underline{b}_j)$ eine affine Abbildung dar, indem gemäß Gl. (7.5.2)
aus $\underline{A}_j, \underline{b}_j$ die Polvorgabematrix $\underline{E}_j$ bestimmt wird. Damit ist dann
$\underline{k}' = [\underline{p}'\ 1]\underline{E}_j$. Für jedes Mitglied der Modellfamilie $(\underline{A}_j, \underline{b}_j)$ erhält man also eine affine Abbildung. Bild 8.4 zeigt schematisch
diese Abbildung für zwei Modelle, die zu $\underline{E}_1$ und $\underline{E}_2$ führen.

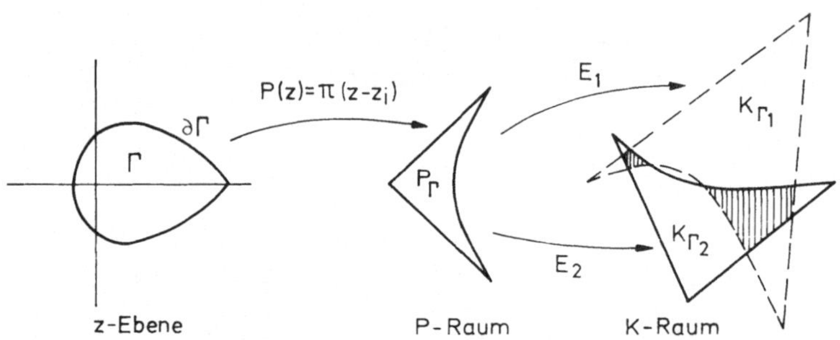

Bild 8.4 Polgebietsvorgabe für zwei Systemmodelle mit
den Polvorgabematrizen $\underline{E}_1$ und $\underline{E}_2$

P_Γ ist berandet von zwei Hyperebenen für die reellen Eigenwerte
auf $\partial\Gamma$ und der Grenzfläche, deren zugehörige Polynome ein konju-
giert komplexes Polpaar auf $\partial\Gamma$ haben. P_Γ wird durch $\underline{E}_1$ in K_{Γ_1} abgebildet und durch $\underline{E}_2$ in K_{Γ_2}. Die Menge der Verstärkungen, die
die Eigenwerte beider Systeme in das Gebiet Γ bringen, ist die
schraffiert gezeichnete Schnittmenge. Da P_Γ und damit $K_{\Gamma i}$ nicht
konvex sein muß, kann die Schnittmenge von K_{Γ_1} und K_{Γ_2}, wie in dem
dargestellten Fall, aus mehreren Zusammenhangskomponenten beste-
hen. In den Abschnitten drei bis fünf dieses Kapitels wird die
simultane Polgebietsvorgabe für eine Modellfamilie mit Hilfe von
Parameterraum-Verfahren weiter ausgeführt und zum Entwurf robuster Regelungssysteme angewendet. In Abschnitt sechs wird das
Problem durch Optimierung eines vektoriellen Gütekriteriums gelöst.

8.2 Strukturelle Ansätze und Existenz robuster Regler

8.2.1 Proportionale und dynamische Rückführung

Die Struktur von Reglern für ein einzelnes steuerbares Regel-strecken-Modell ($\underline{A}$, $\underline{b}$) wurde bereits in Kapitel 6 diskutiert. Bei vollständig meßbarem Zustand lassen sich alle Eigenwerte beliebig plazieren, das Problem der Polgebietsvorgabe hat also stets Lösungen. Dies gilt nicht mehr für die simultane Polgebietsvorgabe für eine Modellfamilie. Eine offene Frage ist, unter welchen Voraussetzungen eine dynamische Zustandsvektor-Rückführung die Aufgabe lösen kann. Die Problematik soll zunächst anhand einfacher Beispiele illustriert werden.

Beispiel 1: $n = 1$, Γ = Einheitskreis

$$x\,[k+1] = a_j x[k] + b_j u[k], \quad j = 1,\, 2 \tag{8.2.1}$$

a) Proportional-Regler $u = -kx$
   Stabilität erfordert

$$|a_j - b_j k| < 1 \tag{8.2.2}$$

z.B. nicht erfüllbar für
$a_1 = a_2 = 1,2$, $b_1 = 0,1 (\rightarrow k > 2)$, $b_2 = 2,2 (\rightarrow k < 1)$

b) Dynamischer Regler

$$u_z(z) = -k_z(z) \cdot x_z(z), \quad k_z(z) = \frac{C(z)}{D(z)} = \frac{c_0 + c_1 z + \ldots}{d_0 + d_1 z + \ldots} , \quad d_0 > 0$$

Mit $x_z(z) = \dfrac{b_j}{z - a_j}\, u_z(z)$ wird das charakteristische Polynom des geschlossenen Kreises

$$P_j(z) = b_j C(z) + (z - a_j) D(z)$$

$$= (b_j c_0 - a_j d_0) + z(\ldots) + \ldots$$

Eine notwendige Bedingung dafür, daß $P_1(z)$ und $P_2(z)$ Stabilitäts-Polynome sind, ist

$$|b_j c_0 - a_j d_0| < 1 \tag{8.2.3}$$

Ist diese Bedingung erfüllt, so genügt bereits der Proportional-Regler nach a) mit $k = c_o/d_o$, siehe Gl. (8.2.2). Ist sie nicht erfüllt, so bringt auch die Einführung der Rückführ-Dynamik nichts.

Mit dem nächsten Beispiel wird die naheliegende Frage beantwortet, ob eine Rückführdynamik bei $n \geq 2$ Vorteile im Hinblick auf die Stabilisierung bringen kann.

Beispiel 2: $n = 2$, Γ = Einheitskreis (nach F. Kraus)

$$\underline{A}_1 = \begin{bmatrix} -2 & -1 \\ 1 & 0 \end{bmatrix} \qquad \underline{b}_1 = \begin{bmatrix} 1 \\ 0 \end{bmatrix} \qquad (8.2.4)$$

$$\underline{A}_2 = \begin{bmatrix} 0 & 1 \\ -2 & 1 \end{bmatrix} \qquad \underline{b}_2 = \begin{bmatrix} 0 \\ -1 \end{bmatrix}$$

Die Polvorgabe-Matrizen sind

$$\underline{E}_1 = \begin{bmatrix} 0 & 1 \\ 1 & 0 \\ -2 & -1 \end{bmatrix} \qquad \underline{E}_2 = \begin{bmatrix} -1 & 0 \\ 0 & -1 \\ 2 & -1 \end{bmatrix}$$

Die Ecken des Stabilitäts-Dreiecks in der P-Ebene werden damit abgebildet in zwei Dreiecke in der K-Ebene mit den Ecken

$$\begin{bmatrix} \underline{k}'_{10} \\ \underline{k}'_{11} \\ \underline{k}'_{12} \end{bmatrix} = \begin{bmatrix} 1 & -2 & 1 \\ -1 & 0 & 1 \\ 1 & 2 & 1 \end{bmatrix} \underline{E}_1 = \begin{bmatrix} -4 & 0 \\ -2 & -2 \\ 0 & 0 \end{bmatrix}$$

$$\begin{bmatrix} \underline{k}'_{20} \\ \underline{k}'_{21} \\ \underline{k}'_{22} \end{bmatrix} = \begin{bmatrix} 1 & -2 & 1 \\ -1 & 0 & 1 \\ 1 & 2 & 1 \end{bmatrix} \underline{E}_2 = \begin{bmatrix} 1 & 1 \\ 3 & -1 \\ 1 & -3 \end{bmatrix}$$

Die Dreiecke sind in Bild 8.5 dargestellt.

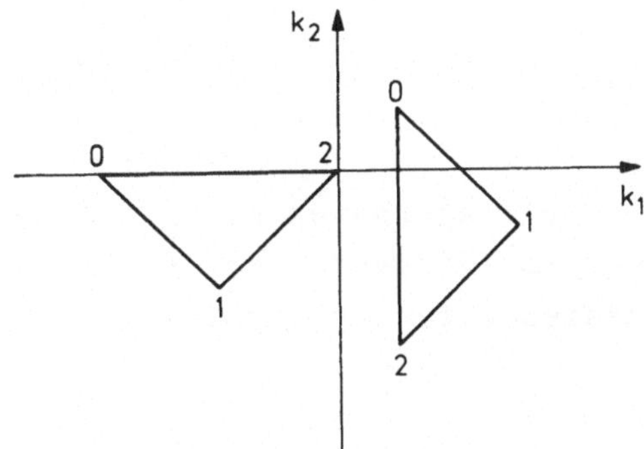

Bild 8.5 Stabilitätsdreiecke in der K-Ebene
schneiden sich nicht

Da sich die beiden Dreiecke nicht schneiden, gibt es keine
simultan stabilisierende Zustandsvektor-Rückführung. Im
folgenden wird aber gezeigt, daß trotzdem ein simultan
stabilisierender dynamischer Regler existiert. Seine Struktur wird gemäß Bild 8.6 angesetzt.

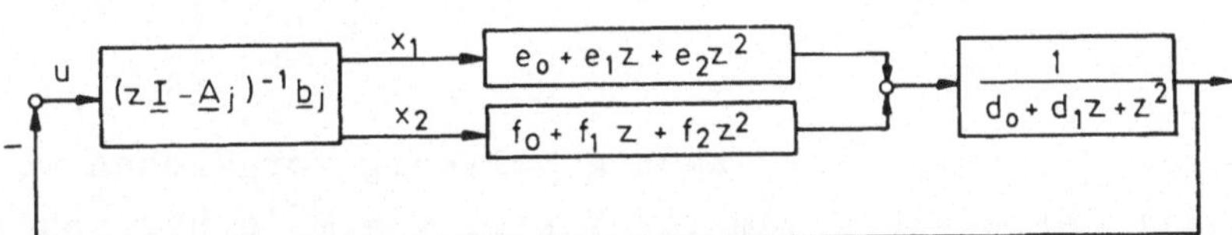

Bild 8.6 Simultan stabilisierender dynamischer Regler

Die Strecke wird im Frequenzbereich beschrieben durch

$$\underline{x}_z = (z\underline{I} - \underline{A}_j)^{-1}\underline{b}_j u_z$$

Die Übertragungsvektoren sind

$$(z\underline{I} - \underline{A}_1)^{-1}\underline{b}_1 = \frac{1}{z^2+2z+1}\begin{bmatrix} z \\ 1 \end{bmatrix}$$

$$(z\underline{I} - \underline{A}_2)^{-1}\underline{b}_2 = \frac{1}{z^2-z+2}\begin{bmatrix} -1 \\ -z \end{bmatrix}$$

$$(8.2.5)$$

Für die beiden Fälle werden die charakteristischen Polynome

$$P_1(z) = p_{10} + p_{11}z + p_{12}z^2 + p_{13}z^3 + z^4$$
$$P_2(z) = p_{20} + p_{21}z + p_{22}z^2 + p_{23}z^3 + z^4 \tag{8.2.6}$$

angesetzt. Durch Einsetzen der Übertragungsvektoren (8.2.5)
in den Ansatz gemäß Bild 8.6 und Koeffizientenvergleich mit
Gl. (8.2.6) erhält man ein lineares Gleichungssystem
$\underline{M}\underline{v} = \underline{q}$ mit

$$\underline{v} = [f_0 \quad f_1 \quad f_2 \quad e_0 \quad e_1 \quad e_2 \quad d_0 \quad d_1]$$

$$\underline{M} = \begin{bmatrix} 1 & 0 & 0 & 0 & 0 & 0 & 1 & 0 \\ 0 & 1 & 0 & 1 & 0 & 0 & 2 & 1 \\ 0 & 0 & 1 & 0 & 1 & 0 & 1 & 2 \\ 0 & 0 & 0 & 0 & 0 & 1 & 0 & 1 \\ 0 & 0 & 0 & -1 & 0 & 0 & 2 & 0 \\ -1 & 0 & 0 & 0 & -1 & 0 & -1 & 2 \\ 0 & -1 & 0 & 0 & 0 & -1 & 1 & -1 \\ 0 & 0 & -1 & 0 & 0 & 0 & 0 & 1 \end{bmatrix}, \quad \underline{q} = \begin{bmatrix} p_{10} \\ p_{11} \\ p_{12}-1 \\ p_{13}-2 \\ p_{20} \\ p_{21} \\ p_{22}-2 \\ p_{23}+1 \end{bmatrix}$$

$$\tag{8.2.7}$$

Da die Matrix $\underline{M}$ regulär ist, kann $\underline{q}$ beliebig vorgegeben werden und damit der Reglerparameter-Vektor $\underline{v} = \underline{M}^{-1}\underline{q}$ berechnet
werden. Es können also beide Polynome mit Wurzeln im Ein-
heitskreis vorgegeben werden. Insbesondere kann für beide
Fälle das gleiche Polynom $P_1(z) = P_2(z)$ vorgegeben werden,
es ist also sogar eine simultane Polvorgabe möglich.

Eine solche simultane Polvorgabe ist aber nicht immer möglich,
wie das folgende Beispiel zeigt

Beispiel 3, (F. Kraus):

Wie Beispiel 2, in $(\underline{A}_2, \underline{b}_2)$ sind jedoch die Zustandsgrößen
vertauscht, d.h.

$$\underline{A}_3 = \begin{bmatrix} 1 & -2 \\ 1 & 0 \end{bmatrix} \qquad \underline{b}_3 = \begin{bmatrix} -1 \\ 0 \end{bmatrix} \tag{8.2.8}$$

Die Matrix $\underline{M}$ in Gl. (8.2.7) ändert sich damit in

$$\underline{M} = \begin{bmatrix} 1 & 0 & 0 & 0 & 0 & 0 & 1 & 0 \\ 0 & 1 & 0 & 1 & 0 & 0 & 2 & 1 \\ 0 & 0 & 1 & 0 & 1 & 0 & 1 & 2 \\ 0 & 0 & 0 & 0 & 0 & 1 & 0 & 1 \\ -1 & 0 & 0 & 0 & 0 & 0 & 2 & 0 \\ 0 & -1 & 0 & -1 & 0 & 0 & -1 & 2 \\ 0 & 0 & -1 & 0 & -1 & 0 & 1 & -1 \\ 0 & 0 & 0 & 0 & 0 & -1 & 0 & 1 \end{bmatrix} \qquad (8.2.9)$$

Jetzt sind die zweite und vierte Spalte identisch, d.h. der Einfluß von f_1 und e_0 ist nicht unterscheidbar; entsprechendes gilt für die Spalten drei und fünf, d.h. für f_2 und e_1. Auch bei einer Erhöhung der Reglerordnung würden hier weitere linear abhängige Spalten eingeführt.

Die Frage nach dem günstigsten Ansatz für die Struktur robuster Regler ist noch offen. In der Behandlung verschiedener praktischer Beispiele hat es sich als vorteilhaft erwiesen, zunächst eine Zustandsvektor-Rückführung anzusetzen. Findet man darin einen robusten Regler, so kann man versuchen, nicht meßbare Zustandsgrößen durch geeignete Filter aus den meßbaren angenähert zu rekonstruieren und für die entstehende Reglerstruktur eine neue exakte Stabilitätsanalyse durchzuführen. In mechanischen Systemen kommt es zum Beispiel häufig vor, daß die Position eines Massenpunktes gemessen wird, seine Geschwindigkeit jedoch nicht. Man kann dann einen angenäherten Wert für die Geschwindigkeit durch den Differenzenbilder Gl. (3.4.32) mit der Übertragungsfunktion

$$q_z(z) = \frac{2}{T} \frac{z-1}{z+1} \qquad (8.2.10)$$

rekonstruieren und zurückführen.

8.2.2 Robustheit gegen kleine Totzeiten und Zeitkonstanten

In Bild 5.1 wurde bereits veranschaulicht, daß zum Zeitpunkt $t = kT$ als Ausgang des Beobachters nicht nur $\underline{\hat{x}}[k]$ zur Verfügung

steht, sondern auch der um ein Abtastintervall voraus extrapo-
lierte Wert $\underline{\hat{x}}[k+1]$. Wenn man linear zwischen beiden Werten inter-
poliert, d.h.

$$\underline{x}^{\varkappa}[k] = (1-\alpha)\underline{\hat{x}}[k] + \alpha\,\underline{\hat{x}}[k+1], \quad 0 \le \alpha \le 1 \;, \qquad (8.2.11)$$

so kann näherungsweise jede Prädiktionszeit αT bis zu einem Abtastintervall realisiert werden. Es empfiehlt sich, α als Reglerparameter vorzusehen, der im Betrieb des Regelkreises feinju-
stiert werden kann, siehe Bild 5.2. Damit läßt sich die destabi-
lisierende Wirkung von Totzeiten (Rechenzeit, Zeit für A/D- und
D/A-Wandlung sowie Daten-Zwischenspeicherung) sowie die Phasen-
verzögerung von nicht modellierter Stellglied- oder Sensordynamik
oder vernachlässigten kleinen Zeitkonstanten der Regelstrecke
kompensieren.

8.3 Simultane Polgebietsvorgabe

8.3.1 Grafische Lösung

Der Grundgedanke des Entwurfs robuster Regelkreise wurde bereits
in Abschnitt 8.1, siehe Bild 8.4, eingeführt. Es soll nun die
praktische Handhabung dieses Entwurfswerkzeugs anhand von Beispielen ausführlicher behandelt werden.

Vergleichsweise einfach zu behandeln sind kreisförmige Eigenwert-
gebiete, wie sie z.B. mit der Kreisschar nach Bild 7.5 als Stabi-
litätsmaß für Abtast-Regelkreise eingeführt wurden. Das Gebiet
schöner Stabilität sei im folgenden ein Kreis mit den reellen
Achsen-Schnittpunkten τ_L und τ_R.

Wir beginnen mit Systemen zweiter Ordnung mit Zustandsvektor-
Rückführung $u = -[k_1 \quad k_2]\underline{x}$. Das schöne Stabilitätsgebiet in der
k_1-k_2-Ebene ist für ein gegebenes Paar $(\underline{A}_j, \underline{b}_j)$ mit der Polvor-
gabematrix $\underline{E}_j$ das Dreieck mit den Ecken

$$
\begin{bmatrix} \underline{k}'_{jo} \\[4pt] \underline{k}'_{j1} \\[4pt] \underline{k}'_{j2} \end{bmatrix}
\begin{matrix} \\[4pt] = \\[4pt] = \end{matrix}
\begin{bmatrix} \underline{p}'_0 & 1 \\[4pt] \underline{p}'_1 & 1 \\[4pt] \underline{p}'_2 & 1 \end{bmatrix} \underline{E}_j
\qquad\qquad (8.3.1)
$$

Dabei ist $\underline{p}_i$, $i = 0, 1, 2$ der Koeffizientenvektor des Polynoms
$P_i(z) = (z-\tau_L)^i (z-\tau_R)^{2-i}$, d.h. $\underline{p}'_0 = [\tau_R^2 \quad - \quad 2\tau_R]$,
$\underline{p}'_1 = [\tau_R \tau_L \quad -(\tau_R + \tau_L)]$, $\underline{p}'_2 = [\tau_L^2 \quad -2\tau_L]$.

Sind nun zwei Paare $(\underline{A}_j, \underline{b}_j)$, $j = 1, 2$ gegeben, so ist der Schnitt zweier Dreiecke in der k_1-k_2-Ebene zu bestimmen.

Beispiel 1:

Das Beispiel von Gl. (7.5.10) mit

$$
\underline{A}_1 = \begin{bmatrix} 0 & -4 \\ 1 & 4 \end{bmatrix}, \quad
\underline{b}_1 = \begin{bmatrix} 0,375 \\ -0,3125 \end{bmatrix}, \quad
\underline{E}_1 = \begin{bmatrix} 5 & 6 \\ 6 & 4 \\ 4 & -8 \end{bmatrix}
$$

wird ergänzt durch ein zweites Regelstrecken-Modell

$$
\underline{A}_2 = \begin{bmatrix} 0,32 & -2,5 \\ 0,32 & 0,6 \end{bmatrix}, \quad
\underline{b}_2 = \begin{bmatrix} 0,25 \\ 0 \end{bmatrix}, \quad
\underline{E}_2 = \begin{bmatrix} 0 & 12,5 \\ 4 & 7,5 \\ 3,68 & -5,5 \end{bmatrix}
$$

$$
(8.3.2)
$$

Es wird wie im obigen Beispiel schöne Stabilität bezüglich eines Kreises mit Mittelpunkt 0,45 und Radius 0,5 verlangt, d.h. $\tau_L = -0,05$, $\tau_R = 0,95$. Damit sind die Ecken des zweiten schönen Stabilitätsdreiecks

$$
\begin{bmatrix} \underline{k}_{20} \\[4pt] \underline{k}_{21} \\[4pt] \underline{k}_{22} \end{bmatrix}
=
\begin{bmatrix} 0,9025 & -1,9 & 1 \\ -0,0475 & -0,9 & 1 \\ 0,0025 & 0,1 & 1 \end{bmatrix}
\begin{bmatrix} 0 & 12,5 \\ 4 & 7,5 \\ 3,68 & -5,5 \end{bmatrix}
=
\begin{bmatrix} -3,92 & -8,47 \\ 0,08 & -12,84 \\ 4,08 & -4,72 \end{bmatrix}
$$

Bild 8.7 zeigt dieses Dreieck zusammen mit dem ersten schönen Stabilitätsdreieck, das aus Bild 7.6 übernommen wurde.

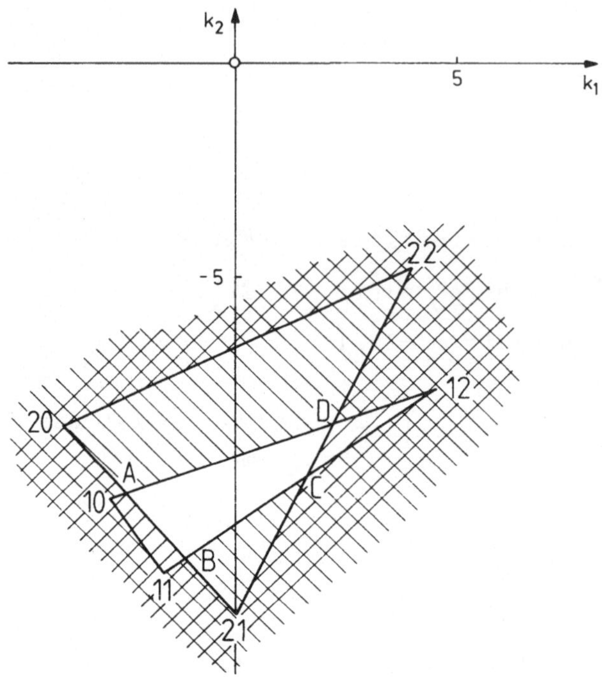

Bild 8.7 Das Viereck ABCD ist die Schnittmenge der Dreiecke
1-012 und 2-012

Die Schnittmenge der beiden Dreiecke ist das Viereck ABCD.
Alle Punkte in diesem Viereck erfüllen die Bedingung für
schöne Stabilisierung simultan für die Systeme $(\underline{A}_1, \underline{b}_1)$
und $(\underline{A}_2, \underline{b}_2)$.

Entsprechend wie beim ersten Beispiel können weitere Paare
$(\underline{A}_j, \underline{b}_j)$, $j = 3, 4 \ldots J$ behandelt werden. Zur Kennzeichnung ist
es vorteilhaft, jeweils den nicht zulässigen Bereich außerhalb
des Dreiecks zu schraffieren, das zulässige Gebiet ist dann das
nicht schraffierte Polygon. Auch bei einer größeren Zahl J von
Systemmodellen, d.h. Dreiecken in der k_1-k_2-Ebene ist es für den
Betrachter leicht, die Schnittmenge auf einem Grafik-Bildschirm
zu erkennen. Der Rechner würde das auf eine viel umständlichere
Weise als der Mensch machen, wenn er die Koordinaten der Polygon-
Ecken numerisch berechnet. Bereits bei zwei Dreiecken sind hier
die in Bild 8.8 dargestellten Fälle zu unterscheiden.

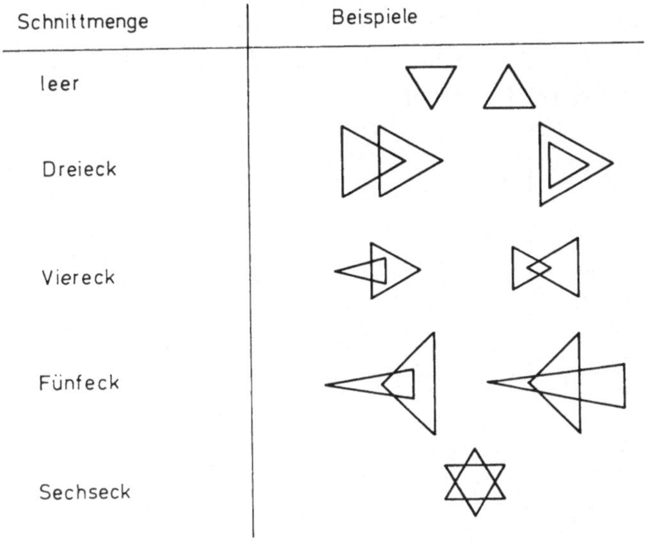

Schnittmenge	Beispiele
leer	
Dreieck	
Viereck	
Fünfeck	
Sechseck	

Bild 8.8 Fall-Unterscheidungen beim Schnitt von zwei
        Dreiecken

Bei der Festlegung der Arbeitsteilung zwischen einem Computer-
Grafik-System und dem Menschen sollte man diese Aufgabe dem Menschen zuteilen. Hierzu Übung 8.3.

Bei mehreren Dreiecken ist es überdies für den Entwurf nicht
wichtig zu wissen, daß der Schnitt z.B. ein 86-Eck mit genau be-
kannten Eckpunkts-Koordinaten ist. Wichtig ist vielmehr das, was
wir mit halbgeschlossenen Augen erkennen, nämlich die ungefähre
Gestalt der Schnittmenge. Dieser Unterschied zwischen dem Erkennen und Berechnen der Schnittmenge wird noch extremer, wenn es
sich nicht um Dreiecke handelt, sondern um nichtkonvexe Gebiete,
die durch kompliziertere Konturen begrenzt werden, die z.B. punktweise bestimmt und auf dem Bildschirm sichtbar gemacht werden.
Bei zweidimensionalen Schnitten ist also die Computer-Grafik vorteilhafter als die numerische Bestimmung der Schnittmenge.

Beispiel 2:

$$\underline{x}[k+1] = \begin{bmatrix} 0 & 1-\alpha \\ -\alpha & 0 \end{bmatrix} \underline{x}[k] + \begin{bmatrix} \alpha \\ 1-\alpha \end{bmatrix} u[k] \qquad (8.3.3)$$

Gesucht ist die Menge aller Zustandsvektor-Rückführungen, die das System im Intervall $0 \leq \alpha \leq 1$ stabilisiert. Die Ecken des Stabilitätsdreiecks sind

$$\begin{bmatrix} \underline{k}_0'(\alpha) \\ \underline{k}_1'(\alpha) \\ \underline{k}_2'(\alpha) \end{bmatrix} = \begin{bmatrix} 1 & -2 & 1 \\ -1 & 0 & 1 \\ 1 & 2 & 1 \end{bmatrix} \begin{bmatrix} \alpha-1 & \alpha \\ -\alpha^2 & -1+2\alpha-\alpha^2 \\ \alpha-2\alpha^2+\alpha^3 & -\alpha^2+\alpha^3 \end{bmatrix} \cdot \frac{1}{N(\alpha)}$$

$$N(\alpha) = -1+3\alpha-3\alpha^2$$

$$\begin{bmatrix} \underline{k}_0'(\alpha) \\ \underline{k}_1'(\alpha) \\ \underline{k}_2'(\alpha) \end{bmatrix} = \frac{1}{N(\alpha)} \cdot \begin{bmatrix} -1+2\alpha+\alpha^3 & 2-3\alpha+\alpha^2+\alpha^3 \\ 1-2\alpha^2+\alpha^3 & -\alpha-\alpha^2+\alpha^3 \\ -1+2\alpha-4\alpha^2+\alpha^3 & -2+5\alpha-3\alpha^2+\alpha^3 \end{bmatrix}$$

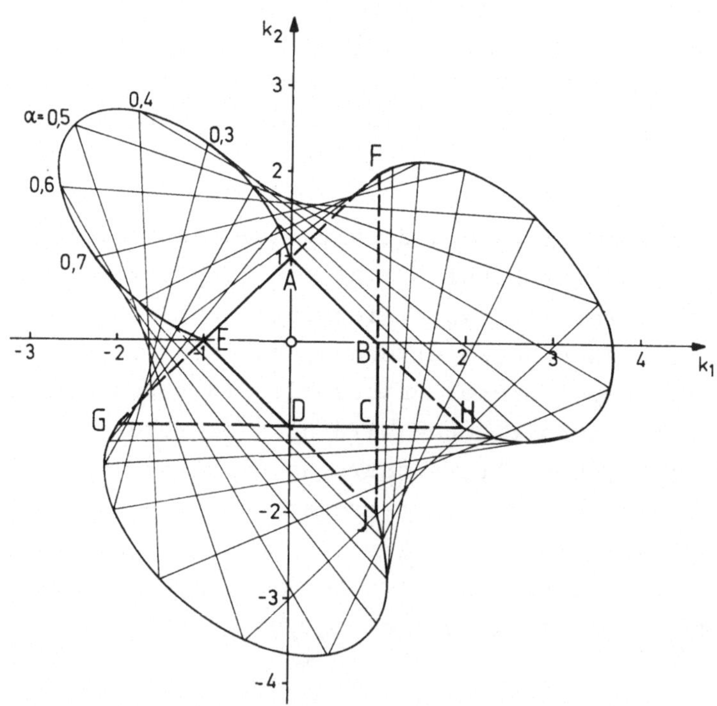

Bild 8.9 Das Fünfeck ABCDE ist die Schnittmenge aller Stabilitätsdreiecke für das System (8.3.3) mit $0 \leq \alpha \leq 1$

Bild 8.9 zeigt die Schar der Stabilitätsdreiecke, beginnend
mit EFJ für $\alpha = 0$ in Stufen von 0,1 fortschreitend bis AHG
für $\alpha = 1$. Die Ecken der Stabilitätsdreiecke bewegen sich
auf den einhüllenden Kurven des Bildes von E nach A, von
F nach H und von J nach G. Der Schnitt aller Dreiecke ist
das Fünfeck ABCDE.

Erzeugt man Bilder wie 8.9 vom Rechner aus auf einem Bildschirm,
so ist die Schnittmenge das unbeleuchtete Gebiet. Dies gilt auch,
wenn man, wie in Bild 7.1, nicht nur das Stabilitätsgebiet, sondern auch alle außerhalb desselben liegenden Grenzlinien der
D-Zerlegung abbildet. Hier wird noch deutlicher, warum in Bild 8.7
die Schraffur des verbotenen Gebietes übersichtlicher ist als die
Schraffur des erlaubten Gebietes.

Beispiel 3:

Um eine interessante Singularität zu zeigen, wird das Beispiel 2 abgewandelt durch Änderung des Vorzeichens des
Elements a_{21}, d.h.

$$\underline{x}[k+1] = \begin{bmatrix} 0 & 1-\alpha \\ \alpha & 0 \end{bmatrix} \underline{x}[k] + \begin{bmatrix} \alpha \\ 1-\alpha \end{bmatrix} u[k] \qquad (8.3.4)$$

Die Ecken des Stabilitätsdreiecks sind

$$\begin{bmatrix} \underline{k}_0'(\alpha) \\ \underline{k}_1'(\alpha) \\ \underline{k}_2'(\alpha) \end{bmatrix} = \frac{1}{N(\alpha)} \cdot \begin{bmatrix} -1-\alpha^3 & 2-3\alpha+3\alpha^2-\alpha^3 \\ 1-2\alpha+2\alpha^2-\alpha^3 & -\alpha+\alpha^2-\alpha^3 \\ -1+4\alpha^2-\alpha^3 & -2+5\alpha-\alpha^2-\alpha^3 \end{bmatrix}$$

$$N(\alpha) = -1+3\alpha-3\alpha^2+2\alpha^3$$

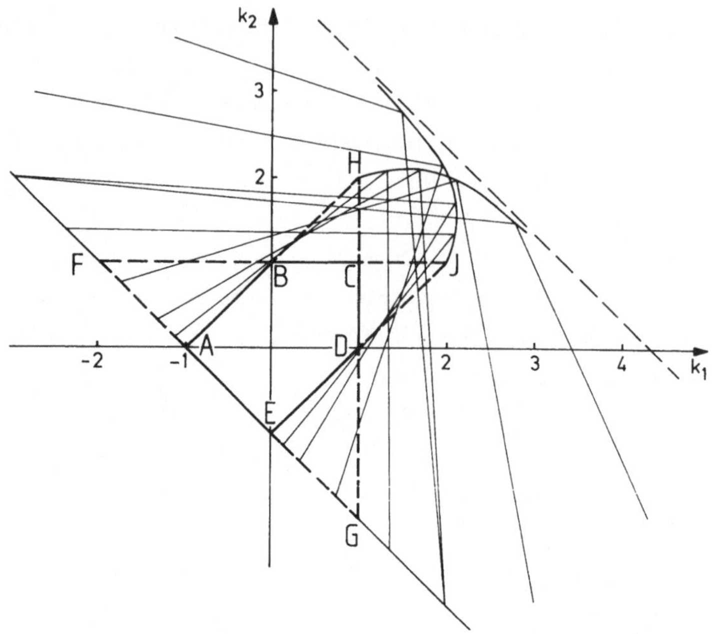

Bild 8.10 Das Fünfeck ABCDE ist die Schnittmenge aller
         Stabilitätsdreiecke für das System (8.3.4)
         mit $0 \leq \alpha \leq 1$.

Die Stabilitätsdreiecke sind in Bild 8.10 für $0 \leq \alpha \leq 1$ dargestellt. In diesem Bereich hat $N(\alpha)$ eine Nullstelle und
zwar bei $\alpha = 0,5$. Hier verliert das System seine Steuerbar-
keit. Für $\alpha = 0,5$ hat $\underline{A}$ Eigenwerte bei $z_1 = -0,5$ und $z_2 = 0,5$.
Nach dem Hautus-Kriterium Gl. (4.1.9) ist der Eigenwert
$z_2 = 0,5$ nicht steuerbar. In der Nähe von $\alpha = 0,5$ ist z_2
schlecht steuerbar, es werden daher sehr hohe Verstärkungen benötigt, um Eigenwerte bei +1 bzw. -1 vorzugeben. Das
bedeutet, daß die Ecken des Stabilitätsdreiecks nach Unendlich wandern. In Bild 8.10 wandert $A(\alpha = 0)$ mit wachsendem α auf der Geraden $k_2 = -1-k_1$ nach links, geht bei
$\alpha = 0,5$ durchs Unendliche, diese Ecke kommt dann von rechts
wieder auf der gleichen Geraden und erreicht E für $\alpha = 1$.
Die Ecke H verläuft nach rechts gegen die Asymptote
$k_2 = 4,333 - k_1$ und kommt auf dieser von links wieder, um in
J überzugehen. G wandert auf der Geraden $k_2 = -1 - k_1$ nach
rechts, kommt von links wieder und endet in F. Schnitt aller
Stabilitätsdreiecke ist das Fünfeck ABCDE.

Im Abschnitt 7.6 über die D-Zerlegung wurde bereits ausgeführt,
daß die zweidimensionale grafische Darstellung von Stabilitätsgebieten nicht auf Systeme zweiter Ordnung beschränkt ist. Die
wesentliche Beschränkung besteht darin, daß in einem Entwurfsschritt nur zwei freie Parameter betrachtet werden können. Hier
soll noch ein Beispiel vierter Ordnung behandelt werden.

Beispiel 4:

Verladebrücke in kontinuierlicher Zeit. Das schöne Stabilitätsgebiet Γ wird durch die Hyperbel (7.6.13) beschrieben.
Wie in Gl. (7.6.14) sei die Reglerstruktur festgelegt auf

$$u = -[500 \quad k_2 \quad k_3 \quad 0]$$

Für eine Lastmasse m_L = 3000 kg wurde das schöne Stabilitätsgebiet in der k_2-k_3-Ebene ermittelt und in Bild 7.9 dargestellt. Dieser Entwurf soll nun so modifiziert werden, daß
die Verladebrücke in einem Bereich 50 kg < m_L < m_{Lmax}
stabil ist, wobei der Lastbereich m_{Lmax} möglichst groß sein
soll. Die allgemeine Vorgehensweise wäre nun, entsprechend
zu dem schönen Stabilitätsgebiet ABC in Bild 7.9 , weitere
Gebiete für m_L = 50 kg und größere Werte zu berechnen und
zum Schnitt zu bringen. Es kommt uns aber hier sehr zustatten,
daß bei Verladebrücken die Lastmasse nur in k_3 eingeht. Nach
Gl. (2.6.35) ist k_3 = k_{30} + $m_L g$. Das schöne Stabilitätsgebiet in Bild 7.9 ändert also seine Gestalt nicht,
sondern verschiebt sich nur parallel um $(m_L - 3000) \cdot 10$
nach oben, wenn die Lastmasse von 3000 kg auf m_L geändert
wird, also für den leeren Lasthaken mit m_L = 50 kg um 29500
nach unten.

Den größten zulässigen Lastbereich erhält man demnach, wenn
k_2 so gewählt wird, daß K_Γ die maximale Erstreckung in k_3-
Richtung hat. Dies ist offenbar die Strecke CD mit dem zugehörigen Wert k_2 = 2769. Die zulässige Lastvariation ist dann
ein Zehntel des Abstands CD, d.h. (7943 + 15503)/10 = 2345 kg.
Nun muß k_3 noch so gewählt werden, daß der zulässige Lastbereich nach 50 kg $\leq m_L \leq$ 2395 kg geschoben wird. Für m_L = 50 kg

verschiebt sich der Punkt C nach k_3 = 7943 - 29500 = -21557.
Der gleiche Punkt entspricht dann $\overset{\circ}{D}$ für 2345 kg, siehe
Bild 8.11.

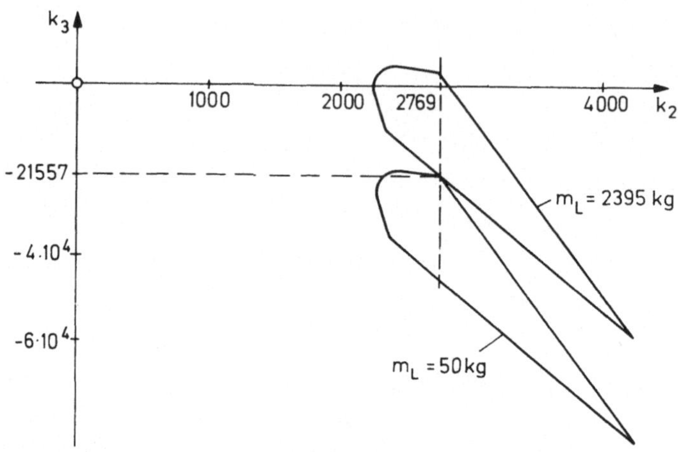

Bild 8.11 Für k_2 = 2769, k_3 = -21557 erhält man die maximale
zulässige Lastvariation 50 kg < m_L < 2395 kg.

Das Ergebnis dieses Entwurfs ist also: Mit dem Regler

$$u = -[500 \quad 2769 \quad -21557 \quad 0]\underline{x} \qquad (8.3.5)$$

erhält die Verladebrücke folgende Eigenschaften

. Bei einer Transition von $\underline{x}(0)$ = [1   0   0   0]' nach
$\underline{x}$ = $\underline{0}$ ist die anfängliche Spitzenkraft 500 Newton. Tat-
sächlich ergibt die Simulation, daß $|u(t)| \leq 500$ für
alle t.
. Es ist keine Messung oder Rekonstruktion der Seilwinkelgeschwindigkeit erforderlich.
. Unter diesen Einschränkungen wird die maximale Lastvariation erreicht. Die Eigenwerte liegen links von der Hyper-
bel ω^2 = $4\sigma^2$-0,25, wenn 50 kg < m_L < 2395 kg. Für m_L =
50 kg und m_L = 2395 kg liegen sie auf der Hyperbel, siehe
Bild 8.3.

Im Beispiel der Verladebrücke war die gewünschte Systemeigenschaft Γ in Form der Hyperbel vorgegeben und es wurde die zulässige Störung, d.h. Lastvariation, maximiert, so daß die Systemeigenschaft robust gegen die Störung ist. Auch die umgekehrte Vorgehensweise ist sinnvoll, nämlich bei vorgegebener Parametervariation der Regelstrecke die bestmögliche Systemeigenschaft zu erzielen. Zur Definition eines Gütemaßes kann z.B. die Kreisschar nach Bild 7.5 benutzt werden.

Eine mögliche Vorgehensweise ist nun, zunächst den Schnitt der einfach zu bestimmenden konvexen Hüllen der Stabilitätsgebiete zu untersuchen. Bei Verkleinerung des Radius r von Γ werden sich diese konvexen Hüllen einmal nicht mehr schneiden. Für einen solchen Wert von r existiert also kein gemeinsamer schöner Stabilisator, da nicht einmal die notwendige Bedingung erfüllt ist, daß sich die konvexen Hüllen schneiden. Man vergrößert dann r wieder so weit, daß sich ein Schnitt ergibt und untersucht für diesen auch die hinreichende Bedingung, die sich aus der komplexen Grenzfläche ergibt. Dieses Vorgehen soll durch das folgende, von D. Kaesbauer ausgearbeitete Beispiel, illustriert werden.

Beispiel 5:

Im Anhang D wird das Problem der Stabilisierung der kurzperiodischen Anstellwinkelschwingung eines Flugzeugs F4-E mit Entenflügeln dargestellt. Die linearisierten Bewegungsgleichungen haben die Gestalt

$$\underline{\dot{x}} = \begin{bmatrix} f_{11} & f_{12} & f_{13} \\ f_{21} & f_{22} & f_{23} \\ 0 & 0 & -14 \end{bmatrix} \underline{x} + \begin{bmatrix} g_1 \\ 0 \\ 14 \end{bmatrix} u \tag{8.3.6}$$

Für die sieben allgemein angegebenen Koeffizienten sind Zahlenwerte für vier Flugzustände gegeben, die sich in Flughöhe und Fluggeschwindigkeit unterscheiden. Das System wurde mit einer Tastperiode T = 0,1 Sekunde diskretisiert. Die Zu-

standsgröße x_3 ist die Abweichung des Höhenruder-Ausschlags
von der Trimmposition. Um die Schätzung der Trimmposition zu
vermeiden, wird die dritte Zustandsgröße nicht zurückgeführt.
Bei proportionaler Rückführung der mit einem Beschleunigungsmesser gemessenen Normalbeschleunigung x_1 und der mit einem
Kreisel gemessenen Nickwinkelgeschwindigkeit x_2 ist die
Struktur des Regelgesetzes dann

$$u = -[k_1 \quad k_2 \quad 0]\underline{x} \qquad (8.3.7)$$

Für kreisförmige Polgebiete ergibt sich für jeden der vier
Flugzustände im k_1-k_2-k_3-Raum ein zu Bild 7.2 affines Gebilde. Deren Schnitt wäre die zulässige Lösungsmenge bei Zustandsvektor-Rückführung. Aufgrund der Reglerstruktur (8.3.7)
interessiert uns davon der zweidimensionale Schnitt in der
Ebene $k_3 = 0$.

Wir betrachten zunächst nur einen Flugzustand (hier Nr. 2,
siehe Anhang D). Anstelle des Stabilitätsgebiets nach Bild 7.2
wird zunächst das einhüllende Tetraeder betrachtet. Sein
affines Bild im K-Raum ist ebenfalls ein Tetraeder. Dessen
Schnitt mit einer Ebene kann leer, ein Dreieck oder ein Viereck sein. In speziellen Grenzfällen kann es auch ein Punkt
oder eine Strecke sein. Hier ist es in der $k_3 = 0$ - Ebene ein
Viereck und zwar für den Einheitskreis das äußerste Viereck
($r = 1$) in Bild 8.12. Die Ecken sind mit den geschnittenen
Kanten des Tetraeders bezeichnet, z.B. ist q_{01} der Schnitt
der $k_3 = 0$ - Ebene mit dem affinen Bild der Kante 01, siehe
Bild 7.2. Auf der Kante 01 wandert ein reeller Eigenwert von
rechts nach links, während zwei beim rechten reellen Achsen-
schnitt von Γ liegen bleiben, d.h. im Punkt q_{01} liegen zwei
Eigenwerte bei $z = 1$ und einer im Intervall $-1 < z < 1$.
Bild 8.12 zeigt die entsprechenden Vierecke für kleinere Polgebiete Γ_r nach Bild 7.5.

Bildet man die entsprechenden Schnitte für alle vier Flugzustände, so ergibt sich bei $r = 0{,}4$ das Bild 8.13.

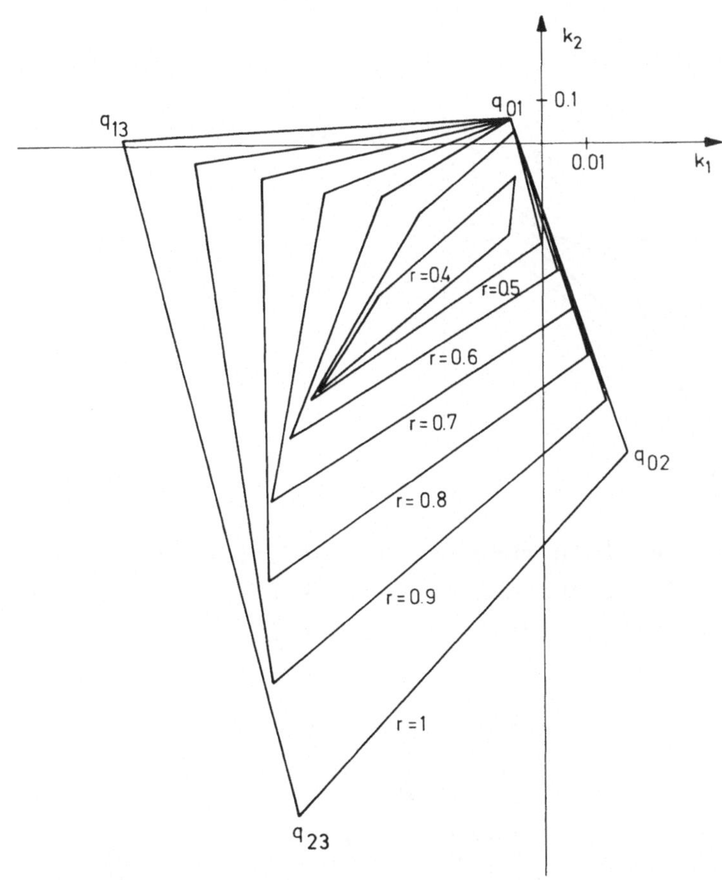

Bild 8.12 Schnitt der einhüllenden Tetraeder des Stabilitätsgebiets mit der Ebene $k_3 = 0$ für verschiedene kreisförmige Polgebiete nach Bild 7.5.

Man erkennt, daß die Flugzustände 1 und 2 nicht gleichzeitig
r = 0,4-stabilisiert werden können. Der Radius wird daher
wieder vergrößert auf r = 0,5. Der Schnitt der konvexen Hüllen
ist in Bild 8.14 stark ausgezogen. Für r = 0,5 werden nun
auch die komplexen Grenzflächen im Schnitt mit $k_3 = 0$ dargestellt. Vom Flugzustand 4 her wird damit das zulässige Gebiet
oben etwas verkleinert und von Flugzustand 2 her wird es
unten etwas verkleinert. Die übrigen Bedingungen für komplexe
Eigenwerte sind in dem resultierenden Gebiet ABCD erfüllt.

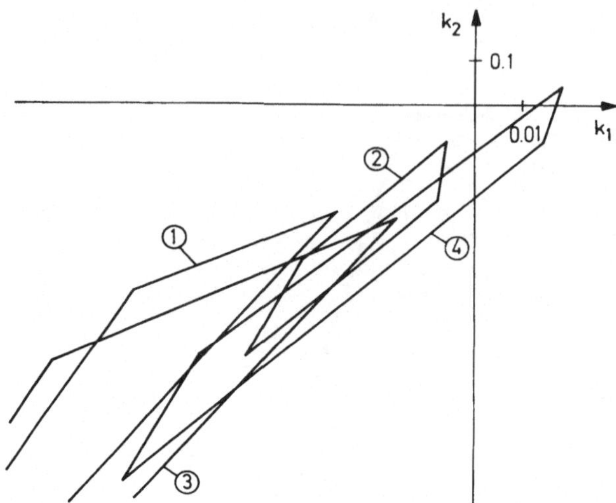

Bild 8.13 Bei Verkleinerung des Radius des Polgebiets auf
         r = 0,4 schneiden sich die konvexen Hüllen des
         Stabilitätsgebiets nicht mehr.

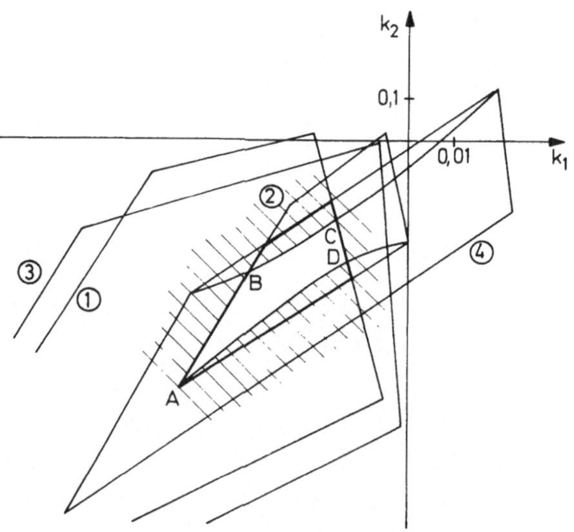

Bild 8.14 Stark ausgezogen ist das Gebiet, in dem die linea-
         ren Bedingungen für gleichzeitige r = 0,5-Stabili-
         sierung erfüllt sind. Durch die nichtlinearen Be-
         dingungen wird es zu dem Gebiet ABCD verkleinert,
         in dem alle notwendigen und hinreichenden Bedin-
         gungen erfüllt sind.

Das Ergebnis läßt sich nun für die Eckpunkte A, B, C, und D jeweils für die vier Flugfälle interpretieren.

A doppelter reeller Eigenwert bei τ_L = -0,05 im Flugfall 2.

B einfacher reeller Eigenwert bei τ_L = -0,05 im Flugfall 2 und komplexes Eigenwertpaar auf $\partial\Gamma_{0,5}$ im Flugfall 4.

C Komplexes Eigenwertpaar auf $\partial\Gamma_{0,5}$ im Flugfall 4 und reeller Eigenwert bei τ_R = 0,95 im Flugfall 1.

D Reeller Eigenwert bei τ_R = 0,95 im Flugfall 1 und komplexes Polpaar auf $\partial\Gamma_{0,5}$ im Flugfall 2.

Alle anderen Eigenwerte liegen jeweils in $\Gamma_{0,5}$.

Die Beispiele dieses Abschnitts haben gezeigt, daß die Untersuchung im Parameterraum der Rückführverstärkungen nicht eine genau festliegende Entwurfsmethode ist, sondern eine Betrachtungsweise des Robustheitsproblems, die die Grundlage für verschiedenartige Problemformulierungen und Entwurfsstrategien bildet. Hat ein System mehr als zwei freie Reglerparameter, so ist man bei diesen grafischen Verfahren auf eine iterative Vorgehensweise angewiesen. Ein wesentliches Element der Entwurfsstrategie ist dabei die Wahl der Schnittebene durch den K-Raum in jedem Entwurfsschritt. Im Flugzeug-Beispiel war die Wahl von k_3 = 0 durch praktische Überlegungen diktiert. Dieses Beispiel wird mit einer erweiterten Reglerstruktur in Abschnitt 8.5 erneut aufgegriffen. Auch bei der Verladebrücke wurden zwei Rückführverstärkungen k_1 und k_4 festgelegt. Es kann auch sinnvoll sein, die Schnittebene schief zum Koordinatensystem im K-Raum zu legen, d.h. zwei Linearkombinationen von Rückführverstärkungen als freie Parameter zu betrachten. Vorteilhaft kann es z.B. sein, die Ebene so zu wählen, daß in einem mittleren oder besonders kritischen Betriebsfall n - 2 Eigenwerte unverändert bleiben, siehe Gl. (2.6.55). In [82.2] wurde damit für einen spurgeführten Bus ein Regler mit fünf freien Parametern so ausgelegt, daß Γ-Stabilität robust gegenüber großen Änderungen der Fahrgeschwindigkeit, Buszuladung und Straßenglätte ist.

Das grafische Schnittebenen-Verfahren hat zweifellos den Nachteil,
daß in jedem Entwurfsschritt nur zwei freie Reglerparameter bzw.
Linearkombinationen davon benutzt werden können. Dies zwingt dazu,
daß man sich eine für das Problem geeignete Entwurfsstrategie überlegen muß.

Andererseits kann man damit aber wesentliche Vorteile des grafischen Verfahrens ausnutzen:

1. Computer-Grafik wird zu sinkenden Preisen zunehmend an jedem Ar-
   beitsplatz verfügbar, wo sie gebraucht wird.

2. Der Mensch kann eine Information, die ihm als Bild dargeboten
   wird, wesentlich schneller erfassen und interpretieren, als wenn
   sie ihm z.B. als Zahlenkolonne dargeboten wird.

3. Der Mensch kann leicht die Schnittpunkte mehrerer Kurven und die
   Schnittmengen von Gebieten erkennen. Das Bild 8.15 soll diesen
   Gedanken veranschaulichen.

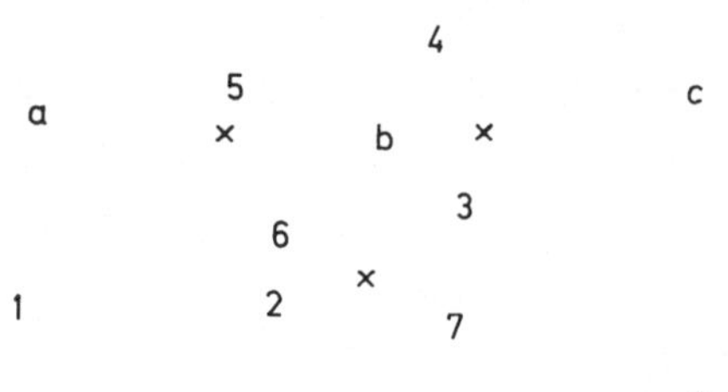

Bild 8.15 Zum assoziativen Erkennen von Schnitten

Punktweise gegeben ist eine Zahlenkurve (1, 2 ... 8) und eine
Buchstabenkurve (a, b, c), die komplexe Grenzkurven unseres
Problems darstellen. Die Vorzeichenbedingung sei erfüllt innerhalb der Schleife der Zahlenkurve und unterhalb der Buchstabenkurve. Es fällt uns leicht, die beiden Kurven zu zeichnen, die
drei durch Kreuze bezeichneten Schnittpunkte einzutragen und z.B.
eine Ellipse zwischen die Punkte b, 6 und 3 zu legen, die das zulässige Gebiet approximiert. Bei gegebenen Koordinaten 1, 2 ... 8,
a, b, c wäre die rein numerische Berechnung einer solchen Ellipse
wesentlich aufwendiger. Selbstverständlich läßt man den Grafik-
Computer die berechneten Punkte durch eine Kurve verbinden und die

Schrittweite bei der Berechnung dieser Punkte steuern.

4. Bei einem Grafik-Terminal mit Eingabe-Möglichkeit können dem Rechner auf einfache Weise die interessierenden Kurvenstücke mitgeteilt werden, so daß er alle anderen Kurvenstücke aus dem Bild löschen kann.

5. Ein dritter Regler-Parameter läßt sich der Zeitdimension zuordnen. Auch in einer durchfahrenden Schnittebene kann der Mensch den Zeitpunkt der günstigsten Schnittmenge mehrerer, nun zeitlich veränderlicher Gebiete erkennen. Dieser Weg ist vorteilhafter als eine perspektivische Darstellung dreidimensionaler Gebiete wie in Bild 7.2. Da wir die Berechnung der Durchdringungslinien gerade vermeiden wollen, ist hier die Schnittmenge schwer erkennbar.

6. Durch Eingabe eines Probe-Punktes kann man sich andere grafische Ergebnisdarstellungen berechnen lassen, z.B. Lage der Eigenwerte, Sprungantwort, Nyquist-Ortskurve.

8.3.2 Rechnerische Lösung

Eine Alternative zur grafischen Lösung des Problems der simultanen Polvorgabe ist, es auf ein numerisch zu behandelndes Problem zurückzuführen. Es ist hier nicht an Optimierungsverfahren gedacht, die einen Punkt der zulässigen Lösungsmenge finden, der im Sinne eines zusätzlich gegebenen Gütekriteriums optimal ist. Gesucht sind vielmehr Verfahren, die - ebenso wie die grafischen Verfahren - eine globale Übersicht über die zulässige Lösungsmenge liefern. Da die Lösungsmenge Schnitt nicht-konvexer Gebilde ist, kann sie mehrere Zusammenhangskomponenten haben, so daß Optimierungsalgorithmen zu einem lokalen Optimum in einer Zusammenhangskomponente laufen können und das globale Optimum nicht finden.

Wir betrachten das Problem der simultanen Γ-Stabilisierung für eine Familie von Regelstrecken

$$\begin{aligned}
\underline{x}[k+1] &= \underline{A}_j\underline{x}[k] + \underline{b}_j u[k] \\
\underline{y}[k] &= \underline{C}_j\underline{x}[k]
\end{aligned} \qquad j = 1, 2 \ldots J \qquad (8.3.8)$$

durch eine Ausgangsvektor-Rückführung $u = -\underline{k}'\underline{y}$.

Eine erste Möglichkeit bestünde darin, ein Gitter in den K-Raum zu legen, für jeden Gitterpunkt $\underline{k}'_g$ die n x J Eigenwerte von $\underline{A}_j - \underline{b}_j\underline{k}'_g\underline{C}_j$ zu berechnen und auf ihre Lage relativ zu Γ zu überprüfen.

Zweitens kann man auch die J charakteristischen Polynome $\underline{P}_{jg}(z) = \det(z\underline{I} - \underline{A}_j + \underline{b}_j\underline{k}'_g\underline{C}_j)$ mit den Polynomkoeffizienten

$$\underline{p}'_{jg} = \underline{a}'_j + \underline{k}'_g\underline{C}_j\underline{W}_j \qquad (8.3.9)$$

nach Gl. (7.5.10) berechnen und für jeden Gitterpunkt $\underline{k}'_g$ auf Γ-Stabilität prüfen. Wie Sondergeld [82.1] gezeigt hat, können Gebiete Γ behandelt werden, deren Berandung $\partial\Gamma$ durch eine rationale Abbildung vom Grade m auf die imaginäre Achse abgebildet wird. Hiermit wird das Γ-Stabilitätsproblem auf ein Hurwitz-Problem für ein Polynom vom Grade mn zurückgeführt. Praktisch kommen in erster Linie in Betracht die Fälle

> m = 1   für kreisförmige Polgebiete, siehe Gl. (7.4.12)
> m = 2   hiermit können unter anderem alle Kegelschnitte erfaßt werden.

In der folgenden Diskussion beschränken wir uns auf die für die Abtastregelung besonders interessierenden kreisförmigen Polgebiete.

Die beiden zuerst genannten Möglichkeiten wären sehr rechenaufwendig und man wüßte vor allem nicht, wie weit das Gitter im K-Raum gespannt werden muß. Günstiger ist hier eine dritte Möglichkeit, bei der Gl. (8.3.9) und die Hurwitz-Bedingungen nicht numerisch für angenommene Werte von $\underline{k}'$ berechnet werden, sondern allgemein als Ungleichungen für $\underline{k}'$ ausgerechnet werden, d.h. es wird das Polynom mit dem Koeffizientenvektor

$$\underline{p}'_j(\underline{k}') = \underline{a}'_j + \underline{k}'\underline{C}_j\underline{W}_j \qquad (8.3.10)$$

auf schöne Stabilität geprüft. Hierbei treten schon in der Aufstellung der Hurwitz-Ungleichungen zwei Schwierigkeiten auf:

. Bei Systemen höherer Ordnung können die Polynomkoeffizienten
extrem unterschiedliche Größen erhalten. Vielfache oder gehäuft
beieinanderliegende Nullstellen sind jedoch sehr empfindlich
gegen Rundungsfehler in den kleinen Polynomkoeffizienten.
. Die Ausrechnung der Hurwitz-Determinanten mit allgemeinem $\underline{k}'$
ist mühsam und fehlerträchtig, wenn man sie von Hand ausführt.

Beide Schwierigkeiten werden vermieden durch Rechnerprogramme,
die mit Symbolen rechnen können, z.B. SAC II oder REDUCE. Sie führen die Multiplikationen mit beliebig erweiterbarer Stellenzahl
aus.

Für kreisförmige Polgebiete folgt direkt aus Gl. (7.5.12) bzw.
(7.5.9) der folgende <u>Robustheitssatz</u>:

Die Eigenwerte von $\underline{A}_j - \underline{b}_j k' \underline{C}_j$, $j = 1, 2 \ldots J$, liegen genau
dann in dem Kreis mit reellem Mittelpunkt und Schnittpunkten
τ_L und τ_R mit der reellen Achse, wenn die J Polynome

$$M_j(w) = \frac{1}{(\tau_R-\tau_L)^n} \; [\underline{a}_j' + \underline{k}' \; \underline{C}_j \; \underline{W}_j \quad 1] \begin{bmatrix} (w-1)^n \\ (w-1)^{n-1}(w\tau_R-\tau_L) \\ \cdot \\ \cdot \\ \cdot \\ (w\tau_R-\tau_L)^n \end{bmatrix}$$

$$(8.3.11)$$

sämtlich Hurwitz-Polynome sind. Der konstante Faktor $(\tau_R-\tau_L)^n$
im Nenner kann dabei entfallen, da er keinen Einfluß auf die
Lage der Nullstellen hat. $\underline{W}_j$ und $\underline{a}_j'$ werden über den
Leverrier-Algorithmus Gl. (7.5.6) aus $\underline{A}_j$ und $\underline{b}_j$ ermittelt.

Die linearen Hurwitz-Bedingungen, daß nämlich alle Koeffizienten
eines Polynoms M_j positiv sein müssen, sind identisch mit der Forderung, daß die baryzentrischen Koordinaten bezüglich des Simplex,

der die konvexe Hülle des Stabilitätsgebietes bildet, positiv sein
müssen. Man kann also zunächst den Schnitt der konvexen Hüllen für
die J Streckenmodelle bestimmen, indem man nur die linearen Hurwitz-
Bedingungen heranzieht. Die Lösung dieses linearen Problems liefert
zwei mögliche Antworten:

a) der Schnitt ist leer. Dann existiert kein robuster Regler; die
   nichtlinearen Hurwitz-Bedingungen, die sich aus Determinanten
   ergeben, brauchen nicht erst ausgewertet zu werden.

b) der Schnitt ist ein konvexes Polyeder. Nur darin können robuste
   Lösungen existieren. Man kann also z.B. in diesem Polyeder ein
   Gitter aufspannen und für jeden Gitterpunkt die nichtlinearen
   Hurwitz-Bedingungen prüfen. Das Gitter könnte man z.B. erzeugen,
   indem man das Polyeder in Simplexe zerlegt, deren Inneres durch
   positive baryzentrische Koordinaten beschrieben wird.

Hiermit bietet sich z.B. die gleiche Entwurfs-Strategie wie bei
dem Flugzeug-Beispiel (8.3.6) an, daß man nämlich ein möglichst
kleines Polgebiet Γ_r zu erreichen versucht, indem zunächst der Radius r solange verkleinert wird, bis man nur noch ein kleines
Schnitt-Polyeder erhält, das dann gerastert auf die Erfüllung der
nichtlinearen Hurwitz-Bedingungen untersucht wird.

Durch diese numerischen Lösungen ist man nicht mehr auf die Betrachtung von nur zwei Reglerparametern in zweidimensionalen Schnitten
beschränkt. Bei der rechnerischen Lösung kann man schließlich auch
auf Verfahren der geometrischen Programmierung [80.12] oder der
Berechnung von Schnitten nichtkonvexer Gebilde [80.13] zurückgreifen.

Bei der Entwicklung von Rechenverfahren für dieses Problem sind
zwei Aspekte wesentlich:

1) In der Beziehung

$$P(z) = [\underline{p}' \quad 1]\underline{z}_n = [\underline{a}'+\underline{k}'\underline{W} \quad 1]\underline{z}_n = \prod_{i=1}^{n} (z-z_i) \qquad (8.3.12)$$

ist es wesentlich einfacher, Polynome mit Nullstellen z_i auf $\partial\Gamma$
vorzugeben und den zugehörigen Punkt im K-Raum zu berechnen als

umgekehrt $\underline{k}'$ vorzugeben und die relative Lage der z_i bezogen auf Γ zu prüfen.

2) Es kommt für den Entwurf robuster Regelungssysteme nur auf die ungefähre Gestalt und Ausdehnung des zulässigen Gebiets an, es sollte also nicht das Ziel sein, die Grenzfläche, ihre Schnitte und die daraus resultierenden Gebiete sehr genau zu beschreiben. Eine robuste Lösung ist ohnehin nur dann gut, wenn auch eine Umgebung des schließlich ausgewählten Punktes $\underline{k}'$ im zulässigen Gebiet liegt.

8.4 Auswahl eines Reglers aus der zulässigen Lösungsmenge

"Gewöhnlich glaubt der Mensch, wenn er nur Worte hört, es müsse sich dabei doch auch was denken lassen." Diese Worte des Mephistopheles aus Goethes Faust möchte ich abwandeln in "Gewöhnlich glaubt der Mensch, wenn er nur Ungleichungen sieht, es müsse sich dabei doch auch was optimieren lassen." Dies ist jedenfalls ein häufiger Einwand gegen den mühsamen Versuch, sich ein globales Bild über zulässige Lösungsmengen zu verschaffen. Letzten Endes wollen wir natürlich nicht eine zulässige Lösungsmenge bestimmen, sondern daraus einen Punkt auswählen, den wir besonders gern mögen. Beim Entwurf von Regelungssystemen wissen wir jedoch nur in seltenen Fällen von vornherein, was optimal ist, sondern lernen erst während des Entwurfsprozesses, welche zusätzlichen Forderungen wir an das Regelungssystem noch stellen können, bzw. welche Forderungen in Konflikt miteinander stehen und einen Kompromiß oder einen erweiterten Regleransatz erfordern.

In diesem Abschnitt sollen einige praktische Aspekte des Reglerentwurfs diskutiert werden, die beim Entwurf im Raum der Reglerparameter berücksichtigt werden können.

8.4.1 Simulation mit nichtlinearer Regelstrecke

Das Multimodell-Problem, nämlich einen gemeinsamen Regler für eine
Familie von Regelstrecken $\underline{A}_j$, $\underline{b}_j$ zu bestimmen, ist häufig nur eine
angenäherte Beschreibung für eine nichtlineare Regelstrecke, die
in verschiedenen Betriebszuständen linearisiert wird. Im Flugzeug-
beispiel gilt die lineare Beschreibung durch Gl. (8.3.6) nur für
kleine Abweichungen vom Flug in konstanter Höhe und mit konstanter
Geschwindigkeit. Für das manövrierende Flugzeug ist eine nichtlineare Simulation erforderlich, in der der Regler verfeinert wird.
Die Lösungsmenge des Multimodell-Problems erfüllt also nur eine
notwendige, aber keine hinreichende Bedingung für die schöne Stabilisierung der Regelstrecke. Man erhält eine Reglerstruktur und
Bereiche für die darin auftretenden Parameter, die als Regler-
Kandidaten in der nichtlinearen Simulation untersucht werden können. Oder anders ausgedrückt: Es werden sehr viele Regler von der
aufwendigen Simulation ausgeschlossen, die nicht einmal die notwendige Bedingung erfüllen, daß das Flugzeug lokal linearisiert
schön stabil ist.

8.4.2 Lösungen mit kleiner Kreisverstärkung

In Abschnitt 8.1 wurde bereits der Unterschied zwischen unempfind-
lichen Lösungen mit hoher Kreisverstärkung und robusten Lösungen
mit mäßigen Kreisverstärkungen herausgestellt. In Regelungssyste-
men steht häufig nur eine beschränkte Stellamplitude $|u| \leq U$ zur
Verfügung. Bei der Zustandsvektor-Rückführung $u = -\underline{k}'\underline{x}$ kann $|u|$
wie folgt abgeschätzt werden

$$|u| = |\underline{k}'\underline{x}| \leq |\underline{k}'| \cdot |\underline{x}| \tag{8.4.1}$$

Über die Verteilung der Zustände $\underline{x}$ ist meist wenig bekannt, so
daß wir sie uns der Einfachheit halber gleichmäßig auf der Ein-
heitskugel verteilt vorstellen. Dabei ist vorausgesetzt, daß die
einzelnen Zustandsgrößen x_i jeweils auf ihren maximal möglichen
oder zu erwartenden Wert normiert sind. Der ungünstigste Fall der
Gleichheit tritt in Gl. (8.4.1) dann auf, wenn $\underline{k} = c\,\underline{x}$ ist. Der

Betrag $|\underline{k}|$ ist dann direkt als Maß für die maximal benötigte Stellamplitude $|u| = |\underline{k}'\underline{x}| = |c\underline{x}'\underline{x}| = c|\underline{x}'\underline{x}| = c$ geeignet.

Auch aus einem zweiten praktischen Grund sollte die Kreisverstärkung nicht zu hoch gewählt werden. Anstelle des idealen Regelgesetzes $u = -\underline{k}'\underline{x}$ wird praktisch

$$u = -\underline{k}'(\underline{x} + \Delta\underline{x}) \qquad\qquad (8.4.2)$$

gebildet, wobei $\Delta\underline{x}$ z.B. ein Meßrauschen sein kann oder ein Quantisierungsfehler in der Analog-Digital-Wandlung. Je kleiner die Verstärkung $|\underline{k}|$ ist, desto weniger wirkt sich ein solcher Fehler aus.

Nach diesen Überlegungen ist es sinnvoll, aus der zulässigen Lösungsmenge den Punkt mit dem geringsten Abstand vom Ursprung des K-Raumes auszuwählen. In dem Beispiel von Bild 8.7 wäre dies z.B. die Ecke D des zulässigen Vierecks.

8.4.3 Sicherheitsabstand von den Grenzflächen

Wählt man einen Eckpunkt der zulässigen Lösungsmenge, etwa D in Bild 8.7, dann können bereits kleine Parameteränderungen das System aus dem zulässigen Gebiet herausbringen. Diese können z.B. durch eine quantisierte Speicherung der Reglerkoeffizienten als $\underline{k}' + \Delta\underline{k}'$ verursacht sein oder dadurch, daß die beiden Systemmodelle 1 und 2 nicht genau gestimmt haben. Man wird also praktisch stets einen gewissen Sicherheitsabstand von der Grenze des schönen Stabilitätsgebiets vorsehen, der sicherstellt, daß z.B. der Hyperwürfel $k_i \pm \Delta k$, $i = 1, 2 \ldots n$ im zulässigen Gebiet enthalten ist. Im Beispiel von Bild 8.7 ist dies ein Quadrat der Kantenlänge $2\Delta k$ mit Kanten parallel zu den Achsen. (Man kann auch eine Hyperkugel, im Beispiel also einen Kreis um $\underline{k}'$ verwenden.)

Das Bild 8.7 wird hier als Bild 8.16 nochmals wiederholt, wobei der Punkt E($\underline{k}' = [-0,95 \quad -10,35]$) den maximalen Sicherheitsabstand $\Delta k = 0,65$ ergibt und der Punkt F ($\underline{k}' = [1,45 \quad -9,2]$) bei vorgegebenem $\Delta k = 0,3$ den günstigsten Kompromiß zur Forderung nach minimaler Kreisverstärkung $|\underline{k}'|$ darstellt.

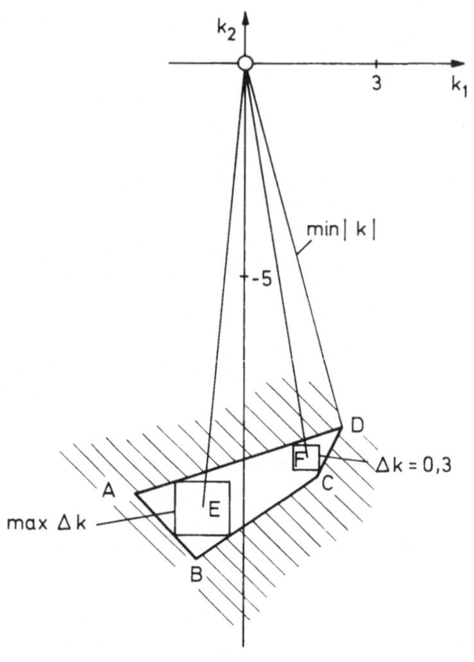

Bild 8.16

 D: Minimale Kreisverstärkung $|k| = 8,8$

 E: Maximaler Sicherheitsabstand $\Delta k = 0,65$, $|k| = 10,4$

 F: Bester Kompromiß bei vorgegebenem $\Delta k = 0,3$, $|k| = 9,3$.

Auch bei Lösungen, die man z.B. mit Optimierungsverfahren gefunden hat, ist es hilfreich, sich die Umgebung der Lösung - insbesondere ihren Abstand von der Grenze - in verschiedenen zweidimensionalen Schnitten anzusehen.

8.4.4 Verstärkungs-Reduktions-Reserve

Eine extreme Störung eines Regelungssystems stellt der Ausfall eines Sensors dar. Wir wollen eine Art von Ausfall betrachten, bei der sich das nominale Übertragungsverhalten Eins, Bild 8.17 a, in eine Verstärkung V im Bereich $0 \leq V < 1$ ändert. Dabei ist meist der Extremfall $V = 0$ der kritischste. Zugleich kann am Ausgang eine additive Störung d auftreten, Bild 8.17 b, z.B. ein Maximalausschlag oder eine Konstante gleich dem letzten angezeigten Wert vor der Störung, wenn der Sensor mechanisch verklemmt ist, oder eine stochastische Störung.

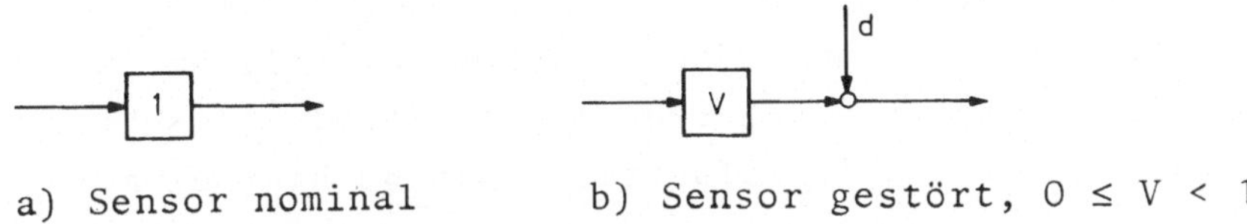

a) Sensor nominal   b) Sensor gestört, $0 \leq V < 1$

Bild 8.17 Modell der Sensorstörung

Für die charakteristische Gleichung des Regelkreises ist nur die Verstärkungsreduktion relevant. Die additive Störung d kann es erforderlich machen, den defekten Sensor durch ein Fehlererkennungs-System auszuschalten. Ein kritischer Fall für eine solche Fehlererkennung ist, daß der Sensor beim zuletzt angezeigten Wert stehenbleibt, sich aber aufgrund eines stationären Betriebszustandes zunächst noch keine nennenswerte Abweichung der Anzeige von einem Vergleichssensor ergibt. Die Fehlererkennung sollte nicht dadurch bewirkt werden, daß sich durch die Verstärkungsreduktion eine Instabilität aufbaut. Bei Fehlererkennungssystemen ist stets ein Kompromiß zu schließen zwischen schneller Fehlererkennung bereits bei kleinen Abweichungen zwischen zwei Vergleichssignalen und dem Ausschließen von falschem Alarm. Hier sollte dem Fehlererkennungssystem genügend Zeit gelassen werden, zu einer gesicherten Entscheidung zu kommen. Das heißt aber auch, daß es nicht verantwortlich sein sollte für die Stabilisierung durch sofortige Einschaltung eines Reservesensors.

Eine gute Lösung ist ein hierarchisches System, bei dem auf der untersten Ebene ein auf Robustheit entworfenes Regelungssystem unter allen Umständen für eine ausreichende Stabilisierung sorgt, so daß unmittelbar nach einem Sensorausfall nichts Schlimmes passiert. Alle Verfeinerungen wie Fehlererkennung, Einschaltung redundanter Sensoren, Änderung von Regler-Parametern durch Verstärkungssteuerung (gain scheduling) oder Adaption können dann einer höheren Ebene überlassen werden, die langsamer arbeiten darf und nicht mehr für die Stabilisierung verantwortlich ist. Wir befassen uns hier nur mit der untersten Ebene der robusten Regelung.

Der Ausfall eines Sensors ist gleichbedeutend mit der Reduktion der zugehörigen Rückführverstärkung bis auf Null. Oft ist es nicht möglich, für diesen Fall noch unverändert schöne Stabilität zu fordern und man wird sich mit einem reduzierten Stabilitätsgrad zufriedengeben müssen. Bild 8.18 illustriert einige hierbei auftretende Fälle.

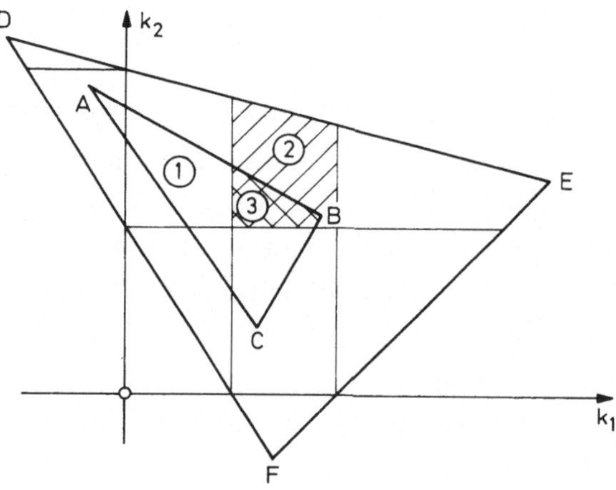

Bild 8.18 Zur Robustheit gegen Sensorausfall

DEF sei das Stabilitätsgebiet und ABC ein darin enthaltenes schönes Stabilitätsgebiet für den Normalfall ohne Sensorausfall. Wählt man den Punkt 1 aus, so ist bei einem Ausfall des Sensors 1, $k_1 = 0$, die Projektion des Punktes 1 auf die k_2-Achse maßgebend. Sie liegt im stabilen Gebiet. Fällt dagegen der Sensor 2 aus, so liegt die Projektion auf die k_1-Achse außerhalb des Stabilitätsgebiets. Mit anderen Worten: Für Punkt 1 ist Stabilität robust gegen Ausfall des Sensors 1, nicht dagegen gegen Ausfall des Sensors 2. Geht man von den durch DEF gebildeten Achsabschnitten zurück auf die Punkte, deren Projektion auf diesen Achsabschnitten liegt, so erhält man das schraffierte Gebiet um die Punkte 2 und 3 als Lösungsmenge, für die Stabilität robust gegen Ausfall eines der beiden Sensoren ist. Das doppelt schraffierte Gebiet um den Punkt 3 herum erfüllt schließlich auch die Nominalbedingungen für schöne Stabilität.

Wenn das Stabilitätsgebiet die Hyperebene $k_i = 0$ nicht schneidet,
ist also Robustheit der Stabilität gegenüber Ausfall des Sensors i
mit der angenommenen Reglerstruktur nicht zu erreichen. In manchen
Fällen kann man sich durch Parallelschalten von identischen Sensoren helfen, z.B. in der Anordnung von Bild 8.19. Hier tritt bei
einem Sensorausfall nur eine Halbierung der Verstärkung auf.

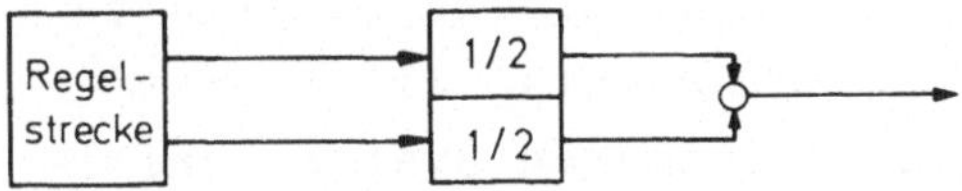

Bild 8.19 Parallelschaltung von zwei identischen Sensoren

Bei drei Sensoren kann dieses mit einer Mehrheits-Entscheidung ver-
bunden werden, siehe Bild 8.20.

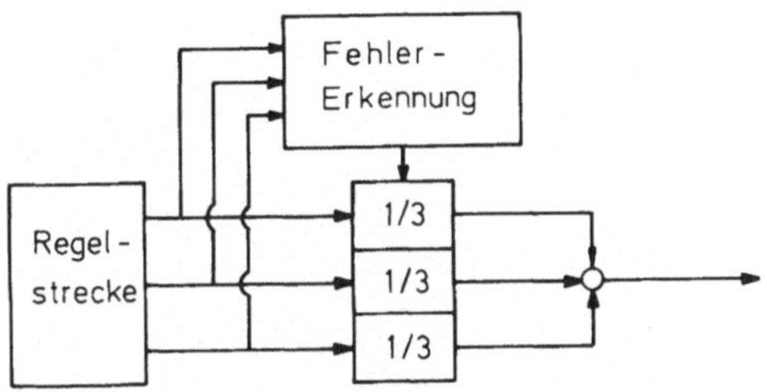

Bild 8.20 Parallelschaltung von drei identischen Sensoren
        mit Fehlererkennung

Weicht ein Sensorsignal über längere Zeit von den beiden anderen
ab, so vermindert das Fehlererkennungssystem die betreffende Verstärkung von 1/3 auf Null und erhöht die beiden anderen auf 1/2.
In der Zeit bis zur Erkennung des Fehlers ist die Verstärkung
auf 2/3 reduziert.

Entsprechend können auch identische Stellglieder parallel geschal-
tet werden. Hat ein Stellglied eine Sättigungs-Kennlinie, so ergeben sich zwei extreme Möglichkeiten:

a) Man versucht, durch niedrige Kreisverstärkung das Stellglied
   im linearen Arbeitsbereich zu halten, wie im Abschnitt 8.4.2
   diskutiert wurde. Zur Erreichung schöner Stabilität ist dann
   die Polgebietsvorgabe ausreichend.

b) Man läßt das Stellglied bewußt in den Sättigungsbereich hinein-
   laufen, z.B. um bei verschiedenen Amplituden der Führungsgrö-
   ßen möglichst schnelle Antworten der Regelstrecke zu erhalten.
   Da das Stellglied über längere Zeit am Anschlag liegt, ist
   eine Stabilitätsuntersuchung des nichtlinearen Systems erforderlich. Hierfür bietet sich das Zypkin-Verfahren bzw. Kreis-
   kriterium an, siehe Abschnitt 3.9. Für die Sättigungskennlinie
   nach Bild 8.21 ist Stabilität des Regelkreises gewährleistet,
   wenn die Eingangsamplitude nicht größer als A wird und absolute
   Stabilität im Sektor $1/A < K < 1$ gesichert ist. Dies wiederum
   setzt eine zulässige Verstärkungs-Reduktion von 1 auf $1/A$ für
   das lineare System voraus.

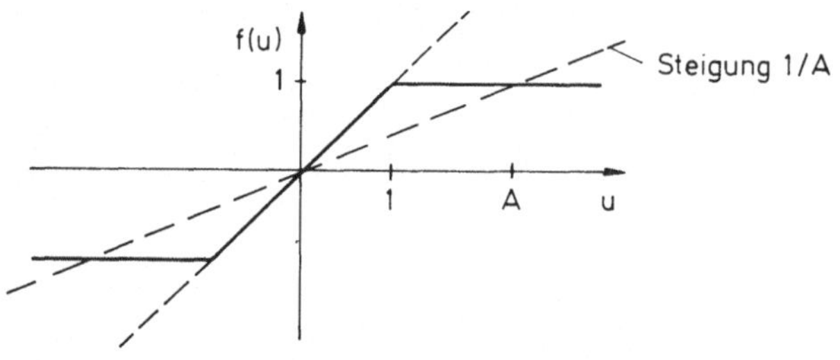

Bild 8.21 Sättigungs-Kennlinie und Verstärkungs-Reduktions-
          Reserve auf 1/A

Im Beispiel von Bild 8.16 könnte man also z.B. den Punkt B wählen,
er hat eine Verstärkungsreduktions-Reserve von 17 %, d.h. eine zu-
lässige Reduktion auf 83 % oder A = 1,2. Hierfür müßten dann die
Nyquist-Ortskurven beider Systeme (7.5.10) und (8.3.2) mit dem
Ausgang $y = \underline{k}'\underline{x}$, $\underline{k}' = [-1,1 \quad -11,6]$ auf absolute Stabilität im
Sektor 0,83 bis 1 untersucht werden.

8.5 Stabilisierung der Längsbewegung einer F4-E mit Entenflügeln
[81.6, 81.7]

In diesem Abschnitt sollen verschiedene Ergebnisse zum Entwurf
robuster Regelungssysteme auf ein praktisches Beispiel aus der
Flugregelung angewendet werden. Die Darstellung bezieht sich auf
das kontinuierliche System, der Entwurf eines entsprechenden digitalen Reglers ist eine größere Übungsaufgabe für den Leser.

Zur Erhöhung der Manövrierfähigkeit wurde eine F4-E nachträglich
mit Entenflügeln (Canards) ausgestattet. Dies bewirkt, daß das
Flugzeug bei Unterschall-Geschwindigkeit in der Längsbewegung instabil ist. Die kurzperiodische Anstellwinkelschwingung hat dann
zwei reelle Pole, von denen der eine in der rechten s-Halbebene
liegt. Im Überschallflug tritt ein schwach gedämpftes komplexes
Polpaar auf, das ebenfalls eine schöne Stabilisierung durch die
Regelung erfordert. Daten für vier typische Flugzustände werden
im Anhang D angegeben.

Das Beispiel wurde bereits in Gl. (8.3.6) formuliert und untersucht. Hier sollen jetzt jedoch die realen Spezifikationen für
die Eigenwerte des geschlossenen Kreises benutzt werden.

Aufgrund von Fliegbarkeitsuntersuchungen wurden in [69.7] für das
charakteristische Polynom der kurzperiodischen Anstellwinkelschwingung

$$s^2 + p_1 s + p_0 = s^2 + 2\zeta\omega s + \omega^2 = 0 \qquad (8.5.1)$$

die folgenden Grenzen vorgegeben

$$0.35 \leq \zeta \leq 1.3$$
$$\omega_a \leq \omega \leq \omega_b \qquad (8.5.2)$$

Die Grenzen ω_a und ω_b für die natürliche Frequenz hängen vom Flugzustand ab. Damit wird die Grundregel der robusten Regelung bei
beschränkten Stellamplituden beachtet, daß ein schnell reagierendes System (z.B. Flugzeug in schnellem Tiefflug) auch geregelt
schnell bleiben sollte und ein langsam reagierendes System (z.B.

Flugzeug im Landeanflug) auch langsam bleiben soll. Wir hatten
diese Grundregel anhand der Verladebrücke in Bild 8.3 illustriert.
Für die hier betrachteten Flugfälle gelten die folgenden Grenz-
werte ω_a und ω_b:

Flugfall	Geschwindigkeit (Mach)	Höhe (Fuß)	ω_a	ω_b
			(Radian / Sekunde)	
1	0,5	5000	2,02	7,23
2	0,85	5000	3,50	12,6
3	0,9	35000	2,19	7,86
4	1,5	35000	3,29	11,8

Das schöne Stabilitätsgebiet ist durch Gl. (8.5.2) in der p_o-p_1-
Ebene vorgegeben. Es wird begrenzt durch die Geraden $p_o = \omega_a^2$
und $p_o = \omega_b^2$ sowie die beiden Parabeln $p_o = \omega^2$, $p_1 = 2\zeta_{min}\omega = 0{,}7\omega$
und $p_o = \omega^2$, $p_1 = 2\zeta_{max}\omega = 2{,}6\omega$. In Bild 8.22 ist das Gebiet für
den Flugzustand 2 dargestellt.

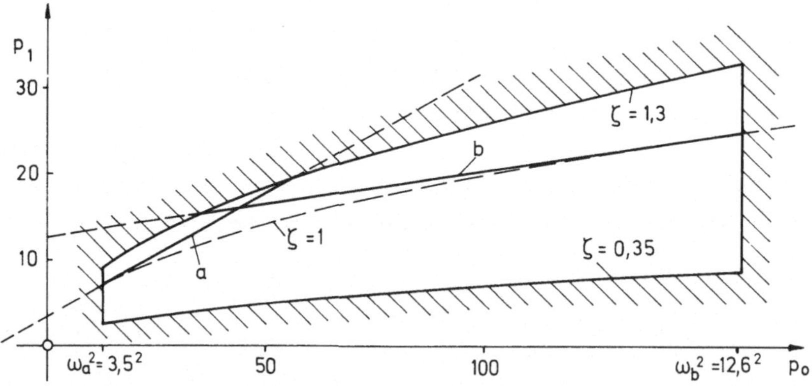

Bild 8.22 Schönes Stabilitätsgebiet für Flugzustand 2
        nach (8.5.2) und Ersatz der Grenze $\zeta = 1,3$
        durch die beiden reellen Grenzen ω_a und ω_b

Bei einer Vergrößerung von ζ über Eins hinaus vereinigt sich das
komplexe Polpaar für $\zeta = 1$ zu einem Verzweigungspunkt und teilt
sich dann in zwei reelle Pole auf, von denen einer nach links und
einer nach rechts wandert. Der rechte von beiden führt oft zu

einer unerwünschten Verminderung der Bandbreite des geschlossenen
Kreises, bzw. im Zeitbereich zu einem trägen Ausklingen des Ein-
schwingvorgangs zum stationären Wert hin. Dieser weniger erwünschte
Bereich liegt in Bild 8.22 oberhalb der Parabel für $\zeta = 1$, $p_1 = 2\omega$.

Die Forderungen für die zusätzlichen Eigenwerte, die von der Stell-
glied- oder Regler-Dynamik herstammen, lassen sich besser in der
s-Ebene formulieren. Wir gehen daher von der P-Ebene, Bild 8.22,
zur s-Ebene. Die Forderung $\omega_a < \omega < \omega_b$ beschreibt einen Kreisring.
Hieraus wird durch die Forderung Dämpfung ζ größer als 0,35 ein
Segment herausgeschnitten, das etwa wie ein Stück aus einer Ananasscheibe aussieht, siehe Bild 8.23.

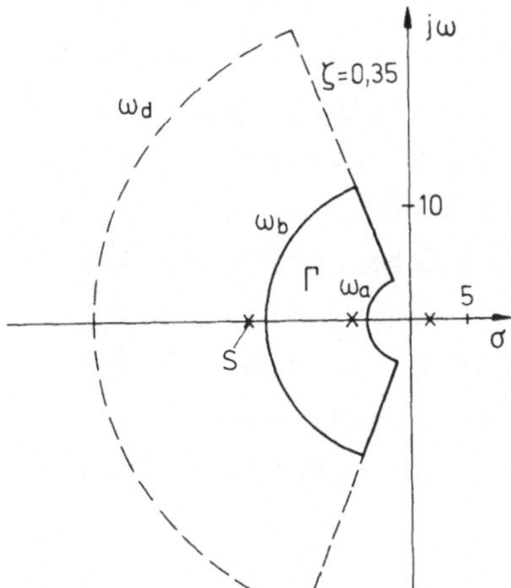

Bild 8.23 Schönes Stabilitätsgebiet
in der s-Ebene

Für $\zeta_{max} < 1$ wäre die reelle Achse ausgeschlossen, für $\zeta_{max} =$
1,3 sind reelle Polpaare zulässig, von denen einer auch etwas
links bzw. rechts der Ananasscheibe liegen darf. Da alle reellen
Polpaare zwischen $s = -\omega_a$ und $s = -\omega_b$ die Bedingung $\zeta \le 1,3$ erfüllen, bietet es sich an, diese beiden reellen Grenzen anstel-
le von $\zeta \le 1,3$ zu verwenden; dies entspricht für ω_a der Geraden a
und für ω_b der Geraden b in Bild 8.22. Dies sind die Tangenten
an die Kurve $\zeta = 1$, da ein Polynom mit doppeltem Pol bei
$s = -\omega_a$ bzw. $s = -\omega_b$ sowohl auf der Parabel als auch auf der Geraden in der P-Ebene liegt. Wir legen also die Ananas-Scheibe als
schönes Stabilitätsgebiet fest, dieser Fall liegt gemäß Bild 8.22
zwischen den Dämpfungen 1 und 1,3.

Für die zusätzlichen Eigenwerte könnte man nun ebenfalls das Gebiet Γ vorschreiben, man braucht dann in der charakteristischen Gleichung des geschlossenen Kreises nicht zu unterscheiden, woher die Eigenwerte kommen. Praktisch wäre dies aber kein guter Entwurf, wenn z.B. der in Bild 8.23 mit S bezeichnete Stellgliedpol bei s = -14 nach rechts verschoben werden müßte. Man möchte ihn links der Ananasscheibe belassen. Damit bleiben dann auch die Eigenwerte unterscheidbar. Das wäre z.B. nicht mehr gewährleistet, wenn sich ein reeller Pol der kurzperiodischen Anstellwinkelschwingung links von $s = -\omega_b$ mit S zu einem komplexen Paar vereinigen würde.

Man muß nun aber bei mechanischen Systemen, z.B. Fahrzeugen, beachten, daß die Zustandsgrößen Eingangsgrößen für weitere hier nicht modellierte Systeme sind, die elastische Freiheitsgrade beschreiben. Es muß vermieden werden, daß die Regelung der Starrkörper-Freiheitsgrade solche höherfrequenten Strukturschwingungen anregt. Die Übertragungsfunktionen vom Stellglied zu den einzelnen Zustandsgrößen müssen also in der Bandbreite unterhalb der ersten Struktur-Schwingungsfrequenz begrenzt sein. Diese Bandbreiten-Begrenzung bei ω_d wird erreicht, indem wir die zusätzlichen Eigenwerte in dem in Bild 8.23 gestrichelt dargestellten Bandbreiten-Kreis mit Radius ω_d halten. Der Einfachheit halber übernehmen wir die Forderung $\zeta \leq 0,35$.

Wie bereits nach Gl. (8.3.6) diskutiert, ist die am einfachsten zu realisierende Reglerstruktur

$$u = -[k_{Nz} \quad k_q \quad 0]\underline{x} = -\underline{k}'\underline{x} \qquad (8.5.3)$$

wobei x_1 mit einem Beschleunigungsmesser und x_2 mit einem Kreisel gemessen wird. Der hiermit festgelegte zweidimensionale Schnitt durch das dreidimensionale schöne Stabilitätsgebiet ist mit $\omega_d = 70$ Radian/Sekunde für den Flugfall 2 in Bild 8.24 dargestellt.

Für $\underline{k} = \underline{0}$ sind die Eigenwerte diejenigen des offenen Kreises, siehe 1, 2 und 3 im unteren Bild. Überschreitet man die Grenze σ_a im K-Raum, so wandert der Eigenwert 2 nach rechts über den Punkt σ_a.

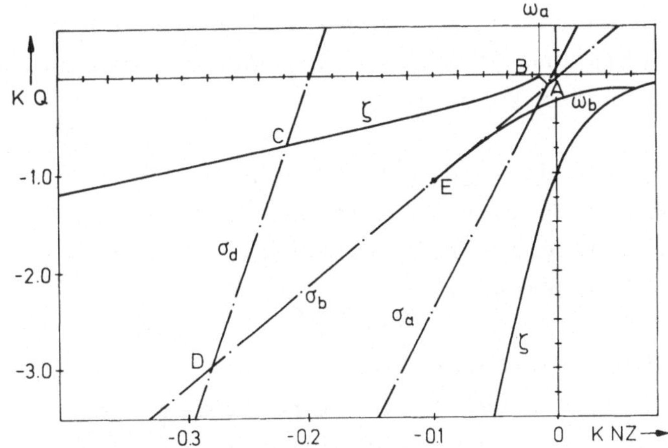

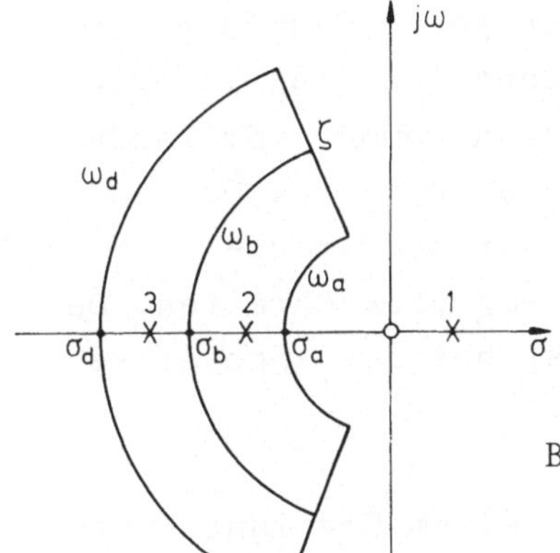

Bild 8.24 Zweidimensionaler Schnitt durch
das schöne Stabilitätsgebiet im
K-Raum und schönes
Stabilitätsgebiet in der s-Ebene

Das Eigenwertpaar (1;2), das die kurzperiodische Anstellwinkelschwingung beschreibt, wandert nun als konjugiert komplexes Polpaar in das gewünschte Gebiet, wenn die Grenze ω_a oder ζ überschritten wird. Das gewünschte Gebiet ist demnach ABCDE. Auf AB liegen
die Eigenwerte 1 und 2 auf dem Kreis ω_a, auf BC liegen sie auf ζ,
auf CD liegt der Eigenwert 3 bei σ_d. Auf DE liegt Eigenwert 1 oder
2 bei σ_b, auf EA liegt Eigenwert 3 bei σ_b. Auf dem beschriebenen
Wege in der k_q - k_{Nz}-Ebene ist also noch eine eindeutige Zuordnung
der Eigenwerte des geschlossenen Kreises zu denen des offenen Kreises möglich. Eine solche Zuordnung geht verloren, wenn sich z.B.
die Eigenwerte 2 und 3 zu einem komplexen Paar vereinigen, also ein
Verzweigungspunkt überschritten wird. Dies wäre z.B. der Fall, wenn

man, ausgehend von $\underline{k} = \underline{0}$ zunächst σ_b überquert und anschließend ω_b. Es wandert dann B nach rechts und das Paar (2;3) wandert danach zusammen über die Grenze ω_b in der s-Ebene.

Für die drei anderen Flugzustände werden entsprechende Gebiete bestimmt. Alle vier Gebiete schneiden sich in dem in Bild 8.25 dargestellten Gebiet. Die angesetzte Reglerstruktur (8.5.3) führt also zu einer zulässigen Lösungsmenge.

Das Bild 8.25 gibt nun dem entwerfenden Ingenieur wesentliche Informationen darüber, in welchen Flugfällen welche Forderungen kritisch sind. Die Anregung von Struktur-Schwingungen ist besonders kritisch in der Nähe der Grenze σ_2 = -70, d.h. beim Hochgeschwindigkeits-Tiefflug (Flugfall 2). Ungenügende Dämpfung ist kritisch in der Nähe der Grenze ζ_4 beim schnellen Flug in großer Höhe (Flugfall 4). Die beiden anderen Grenzen kommen vom Landeanflug (Flugfall 1) her. In der Nähe der Grenze σ_1 = 2,02 wandert ein reeller Pol zu nahe an den Nullpunkt. Auf der Grenze σ_1 = -7,23 würde ein reeller Pol links den Punkt $s = -\omega_b$ überschreiten. Der Langsamflug in großer Höhe (Flugfall 3) ist bei der angesetzten Reglerstruktur nicht kritisch.

Solche Informationen über das, was man von einem Regelungssystem verlangen kann, und welche Kompromißmöglichkeiten es gibt, sind für den Ingenieur hilfreicher, als Optimierungsverfahren, die verlangen, daß vorab für alle nur denkbaren Konflikte durch die Wahl von Gewichtungen in einem Gütekriterium der optimale Kompromiß definiert wird.

Ausgehend von Bild 8.25 gibt es nun verschiedene Möglichkeiten, der Auswahl eines Punktes aus der Lösungsmenge näher zu kommen. Eine besteht z.B. darin, das Eigenwertgebiet Γ von Bild 8.23 zu verkleinern. Vermindert man ω_d von 70 auf 50 Radian/Sekunde, erhöht man die Mindest-Dämpfung von 0,35 auf 0,5 und vergrößert die Mindestwerte der natürlichen Frequenz ω_a um je 50 %, so ergibt sich immer noch ein Schnitt für die vier Flugfälle, er ist in Bild 8.26 dargestellt. Der Ingenieur kann entscheiden, welche dieser Forderungen er noch weiter verschärfen möchte, und damit das zulässige Gebiet weiter einengen.

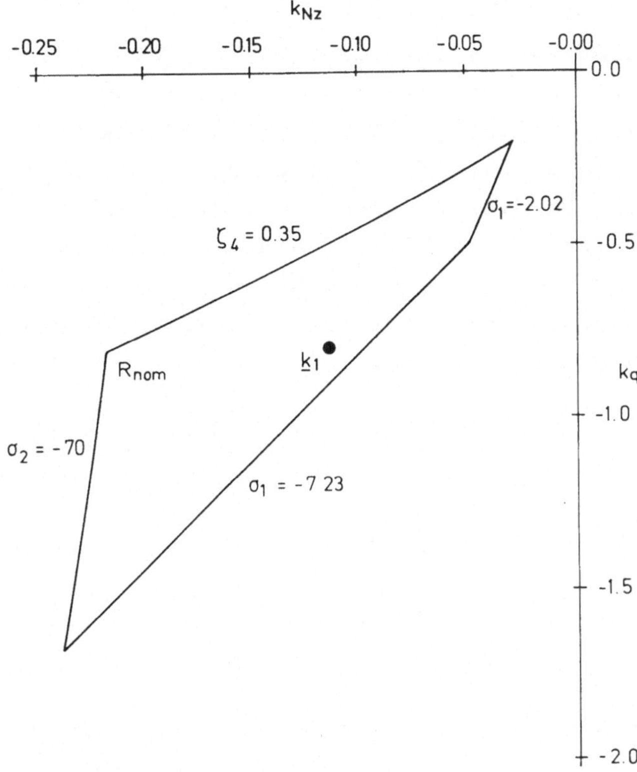

Bild 8.25 Schnitt der schönen Stabilitätsgebiete für
vier Flugzustände

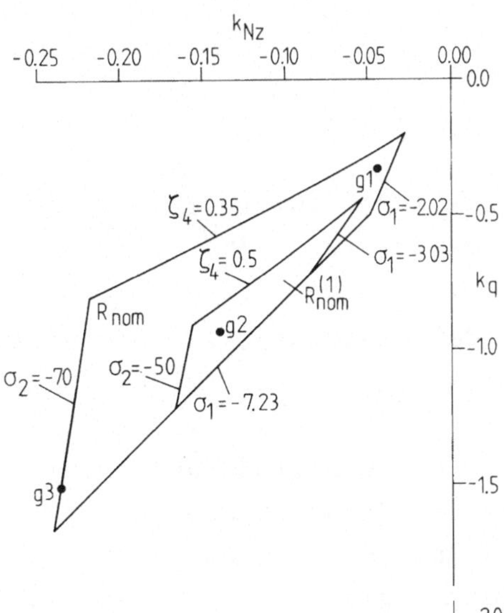

Bild 8.26 Verschärfte Spezifikationen
verkleinern die zulässige
Lösungsmenge

Es können nun aber auch andere - bisher im Entwurf nicht berücksichtigte - Aspekte in die Auswahl einer Lösung einbezogen werden. Ist beispielsweise die Begrenzung des Stellausschlags x_3 des Höhenruders oder seiner Stellgeschwindigkeit $\dot{x}_3 = -14x_3 + 14\underline{k}'\underline{x}$ wesentlich, so wird man gemäß Abschnitt 8.4.2 eine Lösung mit kleiner Kreisverstärkung wählen. Um diesen Effekt zu verdeutlichen, wurde für die Punkte g1, g2 und g3 in Bild 8.26 die C*-Antwort auf einen vom Piloten eingegebenen Einheitssprung berechnet sowie der dazu erforderliche Stellausschlag x_3, siehe Bild 8.27. (Die Ausgangsgröße C* wird im Anhang D eingeführt.)

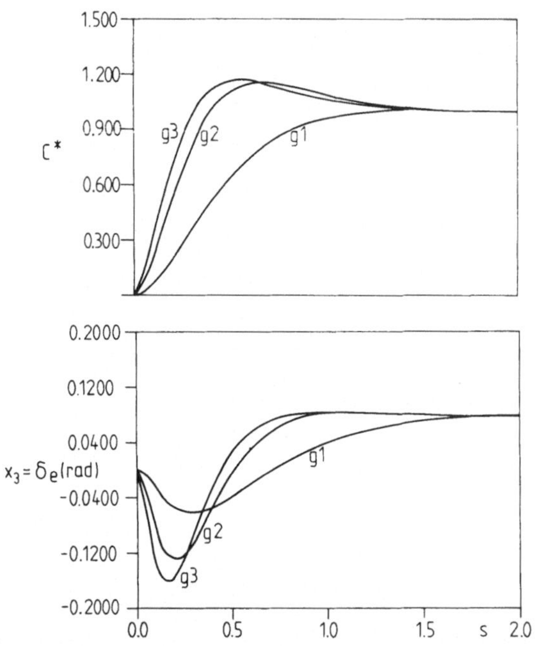

Bild 8.27 C*-Antwort und Stellausschlag für niedrige (1), mittlere (2) und hohe Kreisverstärkung (3).

Bei kleiner Kreisverstärkung (1) ist der Stellausschlag wesentlich vermindert, die Sprungantwort ist entsprechend langsam. Die hohe Kreisverstärkung (3) ist nicht vorteilhaft wegen stärkerem Überschwingen der Sprungantwort, größerer Stellamplitude und Erweiterung der Bandbreite bis in die Nähe der Struktur-Schwingungsfrequenz. Als Ergebnis der bisherigen Überlegungen wurde der Punkt $\underline{k}_1$ in Bild 8.25 gewählt, d.h. der Regler

$$u = -[-0,115 \quad -0,8 \quad 0]\underline{x} \qquad (8.5.4)$$

Die Überprüfung der Eigenwerte ergibt, daß sie in allen Flugfällen in ihren jeweils vorgeschriebenen Gebieten liegen.

In einer weiteren Verfeinerung des Entwurfs soll nun zusätzlich die Forderung nach Robustheit gegen Ausfall des Kreisels oder Beschleunigungsmessers in den Entwurf einbezogen werden. Bild 8.25 zeigt, daß das schöne Stabilitätsgebiet die Achsen k_{Nz} und k_q nicht schneidet, so daß eine der beiden Rückführungen allein nicht zur schönen Stabilisierung ausreicht. Auch bei parallelen Sensoren, wie in Bild 8.19 oder 8.20, wäre eine Lösung nur mit erheblichem Aufwand an Sensoren erreichbar.

Durch die langgestreckte, auf den Nullpunkt ausgerichtete Form des schönen Stabilitätsgebiets ergäbe sich eine wesentlich größere Verstärkungs-Reduktions-Reserve, wenn beide Verstärkungen gleichzeitig reduziert werden. Dies legt den Gedanken nahe, anstelle eines der beiden Sensortypen ein Ersatzsignal zu verwenden, das durch ein Filter vom anderen Sensortyp aus gebildet wird. Im Blockschaltbild 8.28 ist dies für den Fall der ausschließlichen Verwendung von zwei Kreiseln dargestellt, $\hat{x}_1$ stellt ein Ersatzsignal für den Beschleunigungsmesser dar.

Selbstverständlich gilt hier keine Separation, die Stabilitätsgebiete in der k_1-k_2-Ebene müssen also neu ermittelt werden. Man kann aber zumindest eine ähnliche Gestalt der Stabilitätsgebiete

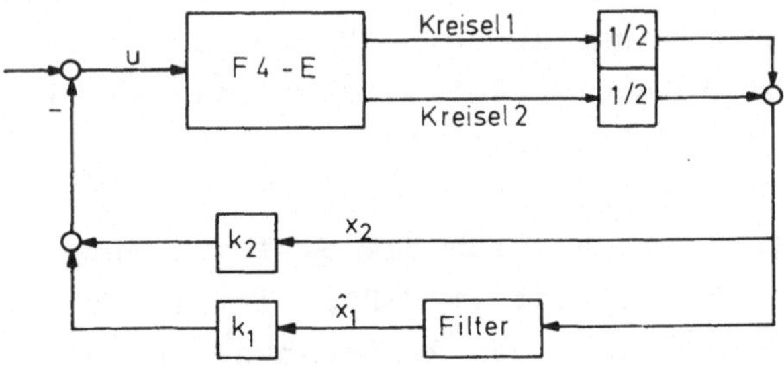

Bild 8.28 Ersatz des Beschleunigungsmessers x_1 durch ein gefiltertes Kreiselsignal $\hat{x}_1$.

erhoffen, wenn das Filter so gewählt wird, daß sich von u nach $\hat{x}_1$ eine ähnliche Übertragungsfunktion ergibt, wie von u zur tatsächlichen Normalbeschleunigung x_1. Da die Übertragungsfunktionen zum Kreisel und zum Beschleunigungsmesser den gleichen Nenner haben, muß das Filter den Zähler der Kreisel-Übertragungsfunktion $z_2(s)$ ersetzen durch den Zähler der Beschleunigungsmesser-Übertragungsfunktion $z_1(s)$. Um es realisierbar zu machen, wird noch eine kleine Zeitkonstante hinzugefügt, die Filter-Übertragungsfunktion wird also angesetzt als

$$f(s) = A \cdot \frac{z_1(s) \cdot 10}{z_2(s)(s+10)} \tag{8.5.5}$$

In den vier Flugfällen variieren die Nullstellen von $z_1(s)$ zwischen $-0,4 \pm j5,7$ und $-0,9 \pm j9,1$ in der Nähe der imaginären Achse. Gewählt wurden gemittelte Nullstellen, die $z_1(s) = s^2 + 1,172s + 49,9$ ergeben. $z_2(s)$ hat nur eine Nullstelle, die zwischen $-0,64$ und $-1,57$ liegt, gemittelt $z_2(s) = s+0,98$. Bei dieser Nullstelle tritt eine näherungsweise Kürzung auf, der Filterpol bei $s = -0,98$ ist von u aus schlecht steuerbar, d.h. er ist durch Schließung des Kreises kaum zu verschieben und er hat vernachlässigbaren Einfluß auf die C^x-Sprungantwort. Er wird daher von der Polgebiets-Forderung nach Bild 8.23 ausgenommen. (Es wäre allerdings noch zu untersuchen, wieweit er bei der Anregung durch Böen vom Piloten als störend empfunden wird.) Die Lage der Nullstellen zeigt, daß die umgekehrte Vorgehensweise, nämlich den Kreisel durch ein gefiltertes Beschleunigungssignal zu ersetzen, nicht sinnvoll ist. Es würde nämlich eine näherungsweise Kürzung in der Nähe der imaginären Achse erforderlich. Der Faktor A in Gl. (8.5.5) variiert zwischen $0,527$ und $0,577$ und wurde gleich $0,543$ gesetzt.

Durch die Hinzunahme des Filters erhöht sich die Systemordnung auf $n = 5$, d.h. das Gebiet schöner Stabilität im P-Raum ist fünfdimensional. Da einige Reglerparameter durch den Regleransatz bereits festgelegt sind, ist nur ein zweidimensionaler Schnitt durch den K-Raum in Form der k_1-k_2-Ebene zu untersuchen, siehe Bild 8.29. Es sind nur die Flugfälle 2, 3 und 4, die die Grenzen liefern.

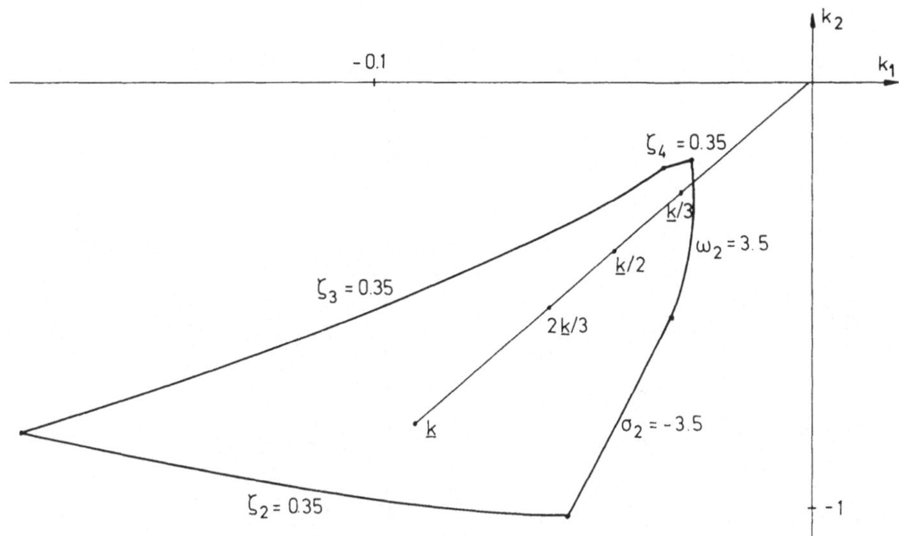

Bild 8.29 Schnitt der schönen Stabilitätsgebiete für vier
Flugzustände bei dem Regleransatz nach Bild 8.28.

Das zulässige Gebiet unterscheidet sich zwar deutlich von dem Gebiet nach Bild 8.25, immerhin hat sich aber unsere Erwartung be-
stätigt, daß jetzt eine große Verstärkungs-Reduktions-Reserve erreichbar ist, im Extremfall von 80 %. Wählt man den eingetragenen
Punkt $\underline{k}'$ = [-0,09   -0,8   0], so liegen die Punkte $2\underline{k}'/3$, $\underline{k}'/2$
und $\underline{k}'/3$ im zulässigen Gebiet, so daß sogar zwei von drei parallelen
Kreiseln ausfallen dürfen. Auch bei den C^*-Sprungantworten von
Bild 8.30 ist bemerkenswert, wie wenig sich die Sprungantwort in
allen vier Flugfällen ändert, wenn $\underline{k}'$ (steiler ansteigende Kurve)
auf $\underline{k}'/2$ vermindert wird.

Faßt man die beiden Rückführwege über k_1 und k_2 zusammen so erhält
man den Regler

$$\frac{-u_s(s)}{x_{2s}(s)} = -0,8 - 0,09 \cdot 0,543 \cdot \frac{s^2+1,172s+49,9}{(s+0,98)(s+10)}$$

$$= -\frac{0,8489s^2+8,8413s+10,2786}{s^2+10,98s+9,8}$$

$$= -0,8489 \frac{(s+1,333)(s+9,082)}{(s+0,98)(s+10)} \tag{8.5.6}$$

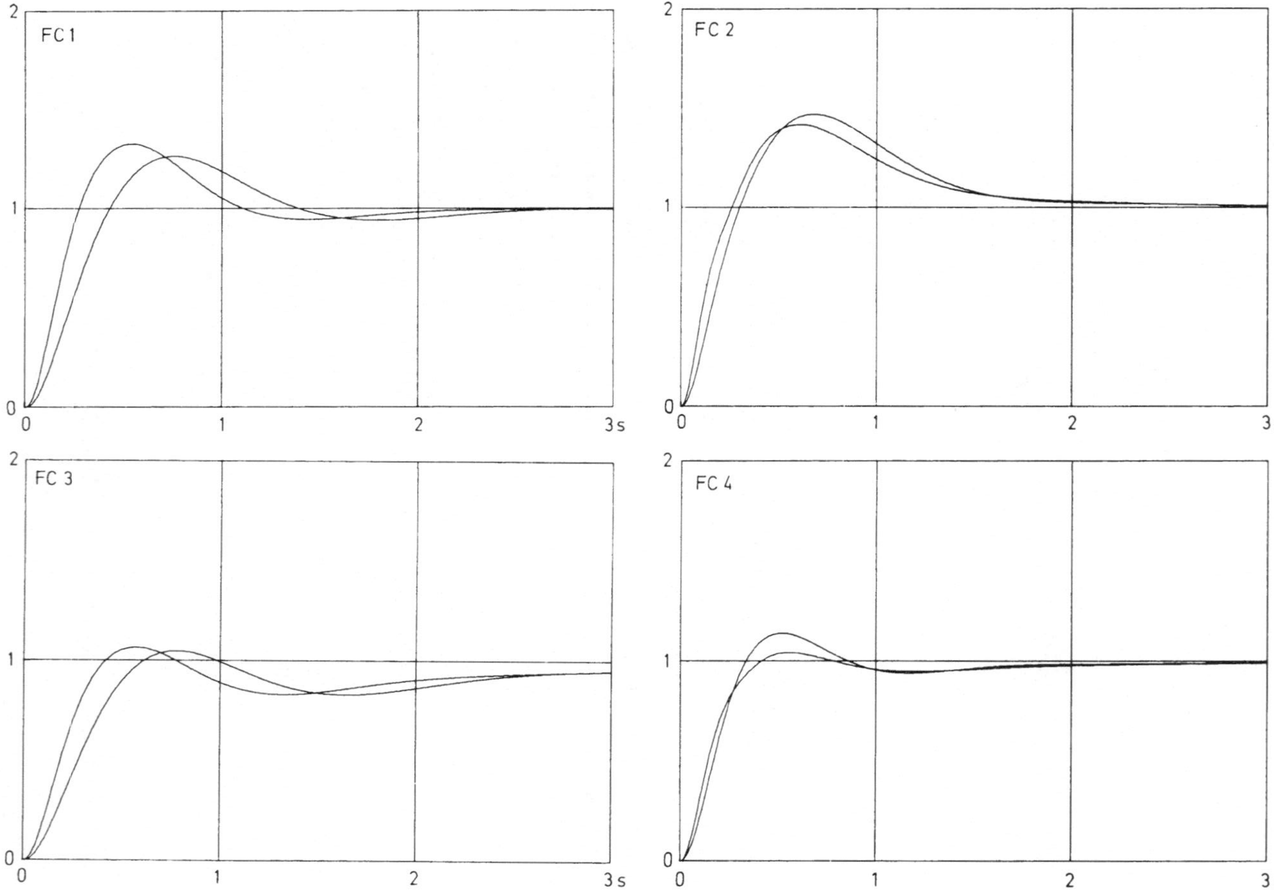

Bild 8.30 C*-Sprungantworten in vier Flugzuständen, jeweils bei nominaler und 50 % reduzierter Kreisverstärkung.

Das negative Vorzeichen erklärt sich aus der in der Flugmechanik üblichen Definition der Vorzeichen von Höhenruderausschlag x_3 und Nickwinkel q, die ein negatives Vorzeichen der Strecken-Übertragungsfunktion bewirkt.

Die Vorgehensweise beim Entwurf der robusten Stabilisierung für die F4-E ist sicherlich nicht direkt auf andere Regelstrecken übertragbar, allenfalls auf andere Flugzeuge. Es sollte gezeigt werden, wie man praktisch das Entwurfswerkzeug der zweidimensionalen Schnitte durch schöne Stabilitätsgebiete einsetzt. Spätere Entwurfsschritte hängen dabei vom Ergebnis der vorangegangenen Schritte ab. Reglerparameter können nach und nach eingeführt werden. Dies wäre weniger übersichtlich, wenn man von vornherein einen Regler zweiter Ordnung nach Gl. (8.5.6) mit fünf freien Reglerparametern angesetzt hätte.

8.6 Entwurf durch Optimierung eines vektoriellen Gütekriteriums

Beim Entwurf von Regelungssystemen ist oft ein Kompromiß zwischen sehr verschiedenartigen Forderungen zu schließen. Eine typische Situation ist die, daß man durch vorangegangene Entwurfsschritte eine Lösung gefunden hat, die zwar einige wesentliche Spezifikationen erfüllt, aber bezüglich anderer noch unbefriedigend ist. Hier ist es hilfreich, eine Optimierung der Reglerparameter in weiteren numerischen Entwurfsschritten durchzuführen, bei denen gezielt bestimmte Kriterien soweit verbessert werden, wie das möglich ist, ohne andere bereits erreichte Gütewerte wieder zu verschlechtern.

Bei der Optimierung eines vektoriellen Gütekriteriums nach Kreisselmeier [79.4] werden zunächst alle Forderungen an das Regelungssystem als Gütekriterien g_i formuliert, die immer größer oder gleich Null sind und minimiert oder kleiner als ein vorgegebener Wert gemacht werden sollen. Solche Kriterien können für typische Trajektorien, z.B. die Sprungantwort, gelten

oder für die Beträge von Rückführverstärkungen oder für die
Lage von Eigenwerten. Die N Gütekriterien g_1, g_2 ... g_N werden
zu einem Gütevektor

$$\underline{g}(\underline{k}) = \begin{bmatrix} g_1[\underline{k}] & g_2[\underline{k}] & \cdots & g_N[\underline{k}] \end{bmatrix}' \qquad (8.6.1)$$

zusammengefaßt. Die Gütekriterien hängen von den Parametern der
Regelstrecke und des Reglers ab. Für mehrere Parametersätze der
Regelstrecke erhöht sich die Zahl N der Einzelkriterien entsprechend. Über die Reglerparameter $\underline{k}$ wird in einem zulässigen Gebiet
K optimiert. Es muß nun erklärt werden, für welche $\underline{k} \in K$ der Gütevektor am besten ist. Dies soll für N = 2 durch Bild 8.31 veranschaulicht werden.

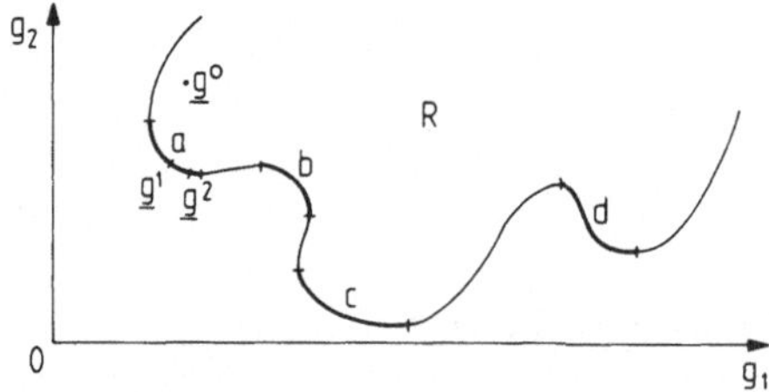

Bild 8.31 Zur Definition Pareto-optimaler Lösungen

Die zulässigen Gütevektoren mit $\underline{k} \in K$ liegen im Gebiet R, wobei
der Rand zum Gebiet gehört. Es werden nun alle Punkte von R aus-
geschieden, von denen aus g_1 und g_2 gleichzeitig verbessert werden kann. Übrig bleiben die Teile a, b, c und d des Randes in
Bild 8.31. Dort kann ein Gütekriterium nur noch auf Kosten des
anderen verbessert werden. Man nennt diese Lösungen Pareto-opti-
mal. Eine solche Lösung kann z.B. gefunden werden, indem man von
einem geeigneten Startwert $\underline{k}^o$ und dem zugehörigen $\underline{g}^o$ ausgehend das
Maximum aus g_1 und g_2 minimiert. Dies führt zur Lösung $\underline{g}^1$ in der
Lösungsteilmenge a von Bild 8.31, also dem Punkt, der dem Ursprung
am nächsten ist. Angenommen, der Wert des Kriteriums g_2 überschreitet hier eine vorgegebene Schranke und soll im nächsten Schritt
reduziert werden. Man kann dies z.B. erreichen, indem man die maximale Komponente von $[g_1/c_1, g_2/c_2]$, $c_1 = 1$, $c_2 < 1$ minimiert.
Dies entspricht einer Streckung des Gebiets R in Richtung g_2 ent-

sprechend dem geänderten Maßstab in g_2-Richtung. Damit wird nun z.B. der Punkt $\underline{g}^2$ die neue Lösung. Durch Wahl von c_1 und c_2 kann man jeden Punkt der Lösungsteilmenge a zur Min-Max-Lösung werden lassen. Durch Wahl eines anderen Startwertes könnte man ebenso Lösungen in den anderen Teilmengen b, c oder d erhalten.

Das hier für zwei Kriterien dargestellte Vorgehen kann ohne Schwierigkeiten auf mehr Kriterien erweitert werden. Praktisch gibt man in einem Entwurfsschritt für jedes Kriterium g_i einen Wert c_i vor. Beim Startwert $\underline{k}^0$ wird $\underline{g}(\underline{k}^0) = \underline{c}^0$. Im ersten Entwurfsschritt gibt man einen Vektor $\underline{c}^1$ vor, der in denjenigen Komponenten gegenüber $\underline{c}^0$ verkleinert ist, die man insbesondere verbessern will. Man sucht dann durch Paramteroptimierung ein $\underline{k}^1$ derart, daß $\underline{g}(\underline{k}^1) < \underline{c}^1 < \underline{c}^0$. Die Ungleichung gilt hier komponentenweise, wobei einige, aber nicht alle Komponenten, auch gleich bleiben können, d.h. $g_i \leq c_i$. Solange keine Pareto-optimale Lösung auf dem Rande von R erreicht ist, lassen sich die Vorgabewerte nach der Systematik

$$\underline{g}(\underline{k}^\nu) < \underline{c}^\nu < \underline{c}^{\nu-1} < \ldots < \underline{c}^0 \qquad (8.6.2)$$

verbessern und man kann dabei die Lösung in eine gewünschte Richtung drängen. Hat man bei einer Vorgabe nun zuviel verlangt, so ergibt die Lösung der Min-Max-Aufgabe, daß sich einzelne Kriterien verschlechtern und der entwerfende Ingenieur muß entscheiden, ob und wieweit er in einem dieser Kriterien seine Forderungen lockern will, um einen günstigeren Kompromiß zu erzielen.

Die Optimierung des vektoriellen Gütekriteriums geschieht mit dem Programm REMVG (Regler-Entwurf mit vektoriellem Gütekriterium) von Steinhauser [80.7], mit dem er auch das folgende Beispiel behandelt hat.

Beispiel: Verladebrücke

Ausgangspunkt ist das Ergebnis von Gl. (8.3.5)

$$u = -[500 \quad 2769 \quad -21557 \quad 0]\underline{x} = -\underline{k}^{0}{}'\underline{x} \qquad (8.6.3)$$

Für Lasten von 50 kg $< m_L <$ 2395 kg verschiebt dieser Regler die Eigenwerte auf die linke Seite der Hyperbel $\omega^2 - 4\sigma^2 + 0,25 = 0$. Bei einer Transition von $\underline{x}_A = \underline{x}(0) = [1 \quad 0 \quad 0 \quad 0]'$ nach $\underline{x}_E = \underline{0}$ ist die Maximalkraft $\max|u(t)| = 500$ Newton. Diese Forderungen werden durch die folgenden Kriterien im Gütevektor: $\underline{g} = [g_1 \quad g_2 \quad g_3]'$ ausgedrückt

$$g_1 = \underset{i}{\text{Max}} \ \exp\{10[\omega_i^2 - 4\sigma_i^2 + 0,25]\}$$

$\quad\quad$ ω_i und σ_i werden aus den Eigenwerten des geschlossenen Kreises mit $m_L = 2395$ kg bestimmt

$$g_2 = \max \ |u(t)| \ \text{für } 0 < t < 5 \text{ Sekunden} \tag{8.6.4}$$

$\quad\quad$ bei der Transition von $\underline{x}_A$ nach $\underline{x}_E$ mit $m_L = 2395$ kg

g_3 wie g_1 jedoch für $m_L = 50$ kg.

Es muß $g_1 \leq 1$, $g_3 \leq 1$ und $g_2 \leq 500$ sein. Als erster Vorgabevektor wird also $\underline{c}^0 = [1 \quad 500 \quad 1]'$ gegeben. Die Lösung der Minimax-Aufgabe ergibt

$$\underline{g}^1 = [0,96 \quad 516 \quad 0,88] \tag{8.6.5}$$

Es können nicht alle Kriterien gleichzeitig verkleinert werden, da der Startwert bereits optimal war. Eine Verbesserung ist also nur bei geänderter Reglerstruktur zu erzielen.

In Bild 8.32.a ist der Verlauf von $u(t)$ dargestellt. Man sieht, daß der Maximalwert nur als Anfangsspitze auftritt und im weiteren Verlauf auch nicht annähernd ausgenutzt wird.

Dies legt es nahe, nach Lösungen mit kleinerem g_2 zu suchen. Die anfängliche Spitze in u wird durch die proportionale Rückführung von x_1 mit $k_1 = 500$ bewirkt. Die Reglerstruktur soll daher so erweitert werden, daß neben der proportionalen Rückführung von x_1 noch eine verzögerte Rückführung für diese Größe vorgesehen wird, Bild 8.33.

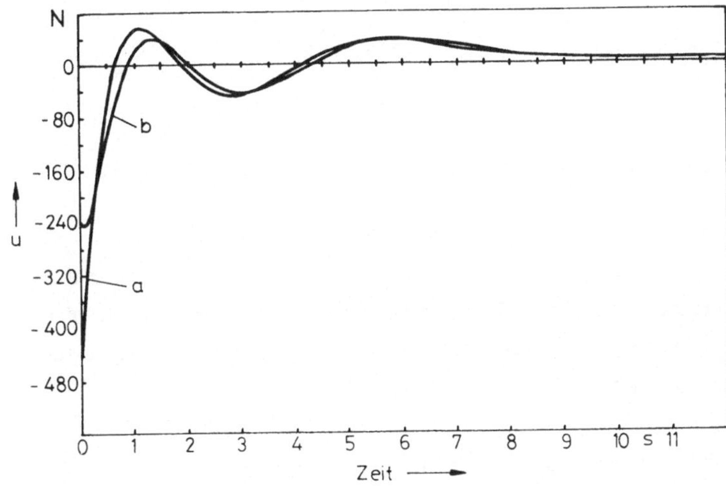

Bild 8.32 Stellgrößenverlauf bei m_L = 2395 kg

      a) nur proportionale Rückführung der Laufkatzen-
         position x_1

      b) proportionale und verzögerte Rückführung von x_1

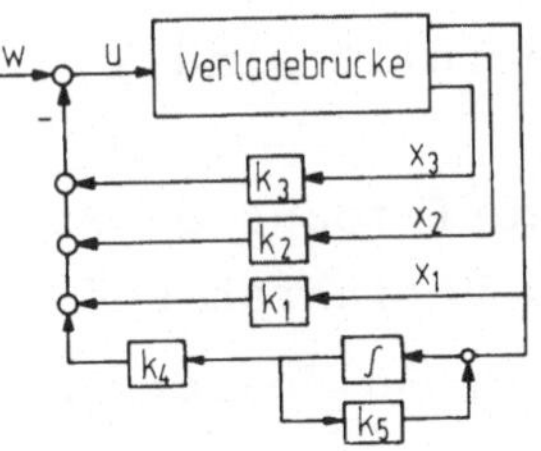

Bild 8.33 Erweiterte Reglerstruktur mit
           verzögerter Rückführung der
           Laufkatzen-Position x_1

Als Startwert wird k_1, k_2 und k_3 aus Gl. (8.6.3) und
$k_4 = k_5 = 0$ benutzt, d.h.

$$\underline{k}^0 = [500 \quad 2769 \quad -21557 \quad 0 \quad 0]' \tag{8.6.6}$$

Bei den Kriterien wurde zusätzlich für die Transition von
$\underline{x}_A$ nach $\underline{x}_E$ die mittlere quadratische Abweichung der Lauf-
katzenposition von ihrer Endlage Null eingeführt und zwar
für die Zeit nach acht Sekunden, da dann die schnelleren An-
teile des Einschwingvorgangs abgeklungen sind, siehe Bild
8.32. Der Gütevektor (8.6.4) wird also erweitert durch

$$g_4 = \frac{1}{t_2 - t_1} \int_{t_1}^{t_2} x_1^2 \, dt \quad , \quad t_1 = 8s, \ t_2 = 30s, \ m_L = 2395 \text{ kg}$$

g_5 wie g_4 jedoch für m_L = 50 kg. $\hspace{2cm}$ (8.6.7)

In 18 Entwurfsschritten von der Art (8.6.2) wurde insbesondere c_2 verkleinert, um die Stellamplitude zu verkleinern, ohne jedoch die Werte der anderen Gütekriterien zu verschlechtern. Das Ergebnis ist

$$\underline{k}' = [234 \quad 3048 \quad -22701 \quad 984 \quad -2,96] \hspace{1.5cm} (8.6.8)$$

$$\underline{g}' = [0,92 \quad 234 \quad 0,80 \quad 0,66 \quad 0,67 \ ] \hspace{1.5cm} (8.6.9)$$

Die maximale Stellamplitude g_2 konnte von 500 N auf 234 N verkleinert werden, siehe Bild 8.32.b. Dabei werden die Polgebietsforderungen $g_1 < 1$, $g_3 < 1$ für die beiden Extremfälle m_L = 50 kg und m_L = 2395 kg noch verbessert auf $g_1 < 0,92$, $g_3 < 0,80$. (Es müßte noch geprüft werden, ob sie auch für das gesamte Intervall von m_L erfüllt sind.)

Im achten Kapitel wurden zwei Werkzeuge zum Entwurf robuster Regelungssysteme eingeführt, nämlich Parameterraum-Verfahren und die Optimierung eines vektoriellen Gütekriteriums. Beide Verfahren ergänzen sich vorzüglich.

Parameterraum-Untersuchungen sind besonders geeignet, um die Forderung nach einer simultanen schönen Stabilisierung mit Hilfe der wichtigsten Reglerparameter zu erfüllen. Sie liefern dabei eine globale Übersicht über die zulässige Lösungsmenge, z.B. ihre Gestalt, Größe und die Anzahl ihrer Zusammenhangskomponenten.

Die numerische Parameteroptimierung ist besonders geeignet, einen so ausgewählten Startwert systematisch zu verbessern, um zusätzliche Forderungen an das Regelungssystem zu erfüllen. Da man hierbei von vornherein die Möglichkeiten eines größeren Rechners in Anspruch nimmt, können viele verschiedenartige Kriterien benutzt

werden, insbesondere auch solche, die die häufige Berechnung von
Trajektorien erfordern. Diese können ohne prinzipielle Schwierigkeiten sogar durch Simulation mit einem nichtlinearen Modell der
Regelstrecke bestimmt werden. Im Beispiel der Verladebrücke war
für die Ausrechnung von g_1 und g_3 die häufige Berechnung von Eigenwerten und für g_2, g_4 und g_5 die häufige Berechnung von Trajektorien erforderlich. Die Parameterraum-Lösung von Bild 8.11 konnte
dagegen noch mit Taschenrechner, Papier und Bleistift gefunden
werden.

Ist eine Lösung durch Parameteroptimierung berechnet worden, so
ist es hilfreich, sich die Umgebung der Lösung in verschiedenen
zweidimensionalen Schnitten durch den Raum der Reglerparameter
anzusehen. Bild 8.16 illustriert, daß z.B. eine Optimierung von
$|k|$ zur Lösung D in einem Eckpunkt der zulässigen Lösungsmenge
führt. Kleine Änderungen gegenüber D bewirken mit hoher Wahrscheinlichkeit eine Verschlechterung der Stabilität. Praktisch
ist daher der Punkt F in Bild 8.16 vorzuziehen.

8.7 Übungen

8.1 Gegeben:

$$\underline{x}[k+1] = \begin{bmatrix} 2 & 0 \\ \dfrac{1}{1+\alpha} & 1 \end{bmatrix} \underline{x}[k] + \begin{bmatrix} 1 \\ 0 \end{bmatrix} u[k]$$

Gesucht:

a) Die Menge aller Zustandsvektor-Rückführungen
   $\underline{k}' = [k_1 \quad k_2]$, so daß $u = -\underline{k}'\underline{x}$ das System für alle
   $\alpha > 0$ stabilisiert.

b) Aus dieser Menge der Punkt, der den maximalen Fehler
   Δk in $u = -[k_1 \pm \Delta k \quad k_2 \pm \Delta k]\underline{x}$ ohne Verlust der Stabilität zuläßt.

8.2 Gegeben:

$$\underline{x}[k+1] = \begin{bmatrix} 2 & 0 \\ 2+\frac{1}{\alpha} & 0 \end{bmatrix} \underline{x}[k] + \begin{bmatrix} 1 \\ 1 \end{bmatrix} u[k]$$

Gesucht:

Die Menge aller Zustandsvektor-Rückführungen
$u = -\underline{k}'\underline{x}$, so daß

1. das System für alle α im Intervall $1 \leq \alpha \leq 2$ stabilisiert
   wird und

2. diese Stabilisierung außerdem noch für die beiden Sensor-
   Ausfallsituationen $\underline{k}_a' = [0 \quad k_2]$ und $\underline{k}_b' = [k_1 \quad 0]$
   gegeben ist.

8.3 Gegeben sind die Koordinaten der Ecken von zwei Dreiecken
    ABC und DEF als

$$\begin{bmatrix} \underline{k}_A' \\ \underline{k}_B' \\ \underline{k}_C' \end{bmatrix} = \begin{bmatrix} \alpha_1 & \alpha_2 \\ \beta_1 & \beta_2 \\ \gamma_1 & \gamma_2 \end{bmatrix}, \quad \begin{bmatrix} \underline{k}_D' \\ \underline{k}_E' \\ \underline{k}_F' \end{bmatrix} = \begin{bmatrix} \delta_1 & \delta_2 \\ \varepsilon_1 & \varepsilon_2 \\ \varphi_1 & \varphi_2 \end{bmatrix}$$

Entwickeln Sie einen Algorithmus, der die Ecken des Schnitt-
Polygons liefert.

8.4 Bei dem Beispiel (8.3.4) seien für α die beiden Werte
    $\alpha_1 = 0,45$ und $\alpha_2 = 0,55$ gegeben. Untersuchen Sie die simulta-
    ne Γ-Stabilisierung für

    a) Γ = Einheitskreis
    b) Γ = Kreis mit Mittelpunkt $z = 0$ und Radius $r = 0,4$.

    Hinweis: Was passiert für $\alpha_3 = 0,5$?

8.5 Die Verladebrücke wurde in Bild 8.11 in kontinuierlicher Zeit betrachtet. Die Stellgröße wird mit einer Tastperiode $T = \pi/8$ abgetastet und gehalten. Die Lastmasse liegt in dem Intervall 50 kg $< m_L <$ 3000 kg. Der Regleransatz sei $u = -[500 \quad k_2 \quad k_3 \quad 0]$. Bestimmen Sie in der hierdurch gegebenen k_2-k_3-Ebene das Gebiet, für das alle Eigenwerte in einem Kreis mit Radius 0,5 um $z = 0,45$ liegen. Wählen Sie einen zentralen Punkt $\underline{k}'$ im zulässigen Gebiet. Für die Transition von $\underline{x}_A = [1 \quad 0 \quad 0 \quad 0]'$ nach $\underline{x}_E = \underline{0}$ sollen für die drei Lastfälle a) m_L = 50 kg, b) m_L = 1000 kg, c) m_L = 3000kg jeweils die Stellgröße und die Lastposition berechnet werden.

8.6 Bei dem System von Übung 8.5 sei $x_2 = \dot{x}_1$ nicht meßbar, es wird ersetzt durch eine Größe $\hat{x}_2$, die durch ein angenähert differenzierendes Filter $f_z(z) = 2(z-1)/T(z+1)$ gemäß Gl. (3.4.32) aus x_1 erzeugt wird. Behandeln Sie Aufgabe 8.5 mit der Regler-Struktur $u = -500x_1 -k_2\hat{x}_2 -k_3x_3$.

8.7 Erweitern Sie die Regler-Struktur von Aufgabe 8.6, indem Sie auch $x_4 = \dot{x}_3$ angenähert als $\hat{x}_4$ durch ein differenzierendes Filter erzeugen und behandeln Sie Aufgabe 8.5 in der durch den Regleransatz $u = -500x_1 -3000\hat{x}_2 -k_3x_3 -k_4\hat{x}_4$ festgelegten k_3-k_4-Ebene.

8.8 Erweitern Sie die Fragestellung von Aufgabe 8.7 auf Robustheit gegenüber Variation der Seillänge ℓ. Untersuchen Sie die vier extremen Fälle 1) m_L = 50 kg, ℓ = 5m, 2) m_L = 3000kg, ℓ = 5 m, 3) m_L = 3000kg, ℓ = 20 m, 4) m_L = 50 kg, ℓ = 20 m.

8.9 Entwerfen Sie einen robusten digitalen Regler für das Flugzeug nach Abschnitt 8.5. Die zulässigen Polgebiete werden dabei über $z = e^{Ts}$ in die z-Ebene abgebildet. Wählen Sie den Regleransatz (8.5.3) und stellen Sie sich in Bild 8.25 als dritte Dimension die Abtastperiode T vor. Legen Sie durch dieses schöne Stabilitätsgebiet Schnittebenen für einige Werte von T und diskutieren Sie den Einfluß der Abtastperiode auf die Robustheit. Wählen Sie ein geeignetes T.

Bestimmen Sie entsprechend zu Bild 8.28 ein diskretes Filter derart, daß die z-Übertragungsfunktion von u nach $\hat{x}_1$ die gemittelten Pole und Nullstellen der z-Übertragungsfunktion von u nach x_1 hat und bestimmen Sie das schöne Stabilitätsgebiet entsprechend Bild 8.29.

8.10 Bei dem Gleichstrom-Motor von Übung 7.2 sei $k_2 = -0,4$, $k_3 = 1$. Untersuchen Sie das Verhalten bei Reduktion der Verstärkung k_3. Bestimmen Sie die Menge der Reglerparameter k_2, k_3 für die sowohl k_2 als auch k_3 stetig von ihrem Nominalwert auf Null reduziert werden können, ohne daß das vorgegebene Polgebiet verlassen wird.

9 Mehrgrößensysteme

9.1 Steuerbarkeitsstruktur, zeitoptimale Steuerung

9.1.1 Steuerfolgen

In den bisherigen Kapiteln dieses Buches wurden vorwiegend Systeme
mit nur einer Stellgröße u behandelt. Die wesentlichen Ergebnisse
werden hier erweitert auf den Fall, daß r Stellgrößen u_1, u_2 ... u_r
zur Verfügung stehen mit $r \leq n$. Wir fassen sie zum Eingangsvektor
$\underline{u} = [u_1 \ u_2 \ ... \ u_r]'$ zusammen. Die Zustandsdarstellung in kontinuierlicher Zeit lautet damit

$$\underline{\dot{x}} = \underline{F} \, \underline{x} + \underline{G} \, \underline{u} \tag{9.1.1}$$

Die Diskretisierung von Gl. (9.1.1) ergibt nach Abschnitt 3.1

$$\underline{x}[k+1] = \underline{A} \, \underline{x}[k] + \underline{B} \, \underline{u}[k] \tag{9.1.2}$$

$\underline{A}$ und $\underline{B}$ werden berechnet über

$$\underline{R} = \int_0^T e^{\underline{F}v} dv = T \sum_{m=0}^{\infty} \frac{1}{(m+1)!} \underline{F}^m T^m$$

$$\underline{A} = e^{\underline{F}T} = \underline{I} + \underline{F} \, \underline{R}$$

$$\underline{B} = \underline{R} \, \underline{G} \tag{9.1.3}$$

Es sei Rang $\underline{B} = r$, das heißt die Stellgrößen unterscheiden sich
in ihrer Wirkung. Die Lösung der Differenzengleichung (9.1.2)
für N Abtastintervalle ergibt sich schrittweise wie folgt

$$\underline{x}[1] = \underline{A}\,\underline{x}\,[0] + \underline{B}\,\underline{u}\,[0]$$

$$\underline{x}[2] = \underline{A}^2\underline{x}\,[0] + \underline{A}\,\underline{B}\,\underline{u}\,[0] + \underline{B}\,\underline{u}\,[1]$$

$$\vdots$$

$$\underline{x}[N] = \underline{A}^N\underline{x}\,[0] + \underline{A}^{N-1}\underline{B}\,\underline{u}\,[0] + \underline{A}^{N-2}\underline{B}\,\underline{u}\,[1] + \ldots + \underline{B}\,\underline{u}\,[N-1]$$

$$(9.1.4)$$

Man faßt die Steuerfolge zu dem Vektor

$$\underline{u}_N = \begin{bmatrix} \underline{u}\,[0] \\ \underline{u}\,[1] \\ \vdots \\ \underline{u}[N-1] \end{bmatrix} \qquad\qquad (9.1.5)$$

zusammen und schreibt Gl. (9.1.4) in der Form

$$\underline{x}[N] = \underline{A}^N\underline{x}[0] + [\underline{A}^{N-1}\underline{B}\,,\,\underline{A}^{N-2}\underline{B} \ldots \underline{B}]\,\underline{u}_N \qquad\qquad (9.1.6)$$

Das System kann aus einem gegebenen Anfangszustand $\underline{x}[0]$ genau dann in jeden gewünschten Endzustand $\underline{x}[N] = \underline{x}_E$ überführt werden, wenn

$$\text{Rang } [\underline{A}^{N-1}\underline{B}\,,\,\underline{A}^{N-2}\underline{B} \ldots \underline{B}] = n \qquad\qquad (9.1.7)$$

Diese Beziehung haben wir bereits als Gl. (4.1.4) für den Eingrößenfall mit einem Spaltenvektor $\underline{b}$ anstelle der Matrix $\underline{B}$ untersucht. Die in Gl. (4.1.6) gezeigte Rangbeziehung gilt nun für die Untermatrizen: Wenn $\underline{A}^i\underline{B}$ linear abhängig ist von $\underline{B},\,\underline{A}\,\underline{B} \ldots \underline{A}^{i-1}\underline{B}$, dann gilt das Gleiche auch für $\underline{A}^{i+1}\underline{B}$. Daraus folgt, daß der Rang der Matrix in Gl. (9.1.7) mit $N = n$ sein Maximum erreicht haben muß. Die notwendige und hinreichende Bedingung für die Steuerbarkeit des Systems (9.1.2) ist also

$$\text{Rang } [\underline{A}^{n-1}\underline{B},\,\underline{A}^{n-2}\underline{B} \ldots \underline{B}] = n \qquad\qquad (9.1.8)$$

Anmerkung 9.1:

Wie in Abschnitt 4.1 diskutiert wurde, ist Gl. (9.1.8) streng genommen die Bedingung für Erreichbarkeit. Aus der Erreichbarkeit folgt die Steuerbarkeit. Die Umkehrung gilt allerdings nur, wenn die Null-Eigenwerte erreichbar sind, d.h. nach dem Hautus-Kriterium

$$\text{Rang } [\underline{A} \; , \; \underline{B}] \; = \; n \tag{9.1.9}$$

Wenn $\underline{A}$ durch Diskretisierung eines kontinuierlichen Systems - auch mit Totzeit - entsteht, ist diese Bedingung erfüllt, wir sprechen daher hier nur von der Steuerbarkeit.

Im Eingrößenfall führte die Festlegung $N = n$ auf eine eindeutige Steuerfolge, im Mehrgrößenfall dagegen läßt die Gleichung

$$\underline{x}[n] - \underline{A}^n \underline{x}\,[0] = [\underline{A}^{n-1}\underline{B} \; , \; \underline{A}^{n-2}\underline{B} \; \cdots \; \underline{B}]\underline{u}_n \tag{9.1.10}$$

unter der Voraussetzung (9.1.8) viele Lösungen $\underline{u}_n$ zu. Die Untersuchung dieser Lösungsvielfalt führt zu interessanten Erkenntnissen über die Steuerbarkeitsstruktur von Mehrgrößensystemen, wir werden sie daher genauer betrachten.

Wir verwenden zunächst nur die Stellgröße, die wir als u_1 bezeichnet haben, und die zugehörige Spalte $\underline{b}_1$ von $\underline{B}$. Würde man z.B. alle Elemente von $\underline{A}$ und $\underline{b}_1$ von einem Zufallszahlen-Generator erzeugen lassen, so wäre $(\underline{A}, \underline{b}_1)$ mit Wahrscheinlichkeit Eins steuerbar. Das gleiche gilt für die anderen Stellgrößen $u_2 \cdots u_r$. Man sagt: "Generisch" ist das System von jeder einzelnen Stellgröße aus vollständig steuerbar, d.h. die Vektoren $\underline{b}_i$, $\underline{A}\,\underline{b}_i \cdots \underline{A}^{n-1}\underline{b}_i$ sind linear unabhängig, lineare Abhängigkeiten zwischen diesen Vektoren sind singuläre Fälle.

Die Regelungssysteme, die wir praktisch zu untersuchen haben, werden jedoch nicht vom Zufallszahlen-Generator erzeugt, sie können durchaus eine Struktur haben, in der bestimmte Verbindungen grundsätzlich nicht auftreten. So ist z.B. im offenen Kreis eine Stellglieddynamik nur von der zugehörigen Stellgröße aus steuerbar. Es ist also nur ein Teilsystem von mehreren Stellgrößen aus steuerbar. Durch Vernachlässigung kleiner Kopplungseffekte kann manchmal ein System insgesamt in zwei getrennt steuerbare Teilsysteme zerlegt werden, z.B. bei der Längs- und Seitenbewegung eines Flugzeugs oder bei der Dreiachsstabilisierung eines Satelliten mit zueinander orthogonal angebrachten Gasdüsenpaaren.

Mechanische Systeme mit Kräften als Eingangsgröße $\underline{u}$ werden durch eine Matrix-Differentialgleichung zweiter Ordnung beschrieben:

$$\underline{M}\,\ddot{z} + \underline{D}\,\dot{z} + \underline{S}\,z = \underline{E}\,\underline{u}$$

Darin ist $\underline{M}$ = Massenmatrix, $\underline{D}$ = Dämpfungsmatrix, $\underline{S}$ = Steifigkeitsmatrix. Als Zustandsvektor führt man $\underline{x} = \begin{bmatrix} z \\ \dot{z} \end{bmatrix}$ ein, und bildet die Matrix-Differentialgleichung erster Ordnung

$$\underline{\dot{x}} = \begin{bmatrix} \underline{O} & \underline{I} \\ -\underline{M}^{-1}\underline{S} & -\underline{M}^{-1}\underline{D} \end{bmatrix}\underline{x} + \begin{bmatrix} \underline{O} \\ \underline{M}^{-1}\underline{E} \end{bmatrix}\underline{u} = \underline{F}\,\underline{x} + \underline{G}\,\underline{u} \qquad (9.1.11)$$

Nur wenn Rang $\underline{M}^{-1}\underline{E}$ = n/2, ist auch Rang $[\underline{G},\ \underline{F}\,\underline{G}]$ = n.

Strukturelle Effekte drücken sich in Nullen und Einsen in $(\underline{F},\underline{G})$ aus, die exakt gelten, also nicht durch $\pm\varepsilon$ bzw. $1\pm\varepsilon$ ersetzt werden dürfen. Sie können allerdings verdeckt sein, z.B. durch Diskretisierung, siehe Gl. (9.1.3) oder durch eine Basistransformation $\underline{x}^{*} = \underline{T}\,\underline{x}$, in der Summen und Produkte von ganzen und reellen Zahlen gebildet werden und damit nur noch reelle Zahlen übrigbleiben. Es empfiehlt sich, die Steuerbarkeitsstruktur im kontinuierlichen System zu untersuchen und die Tastperiode T nach den Regeln von Abschnitt 4.3 so zu bestimmen, so daß kein Teilsystem die Steuerbarkeit durch Abtastung verliert.

Neben der strukturell bedingten Steuerbarkeit bzw. Nicht-Steuerbarkeit von Teilsystemen gibt es auch den singulären Fall, bei dem durch spezielle numerische Werte die Steuerbarkeit verlorengeht. Bei der Verladebrücke mit Abtaster und Halteglied am Eingang geht z.B. nach Gl. (4.1.17) die Steuerbarkeit verloren für

$$\frac{T^{2}g\,(m_{L}+m_{k})}{\pi^{2}\ell m_{k}} = q^{2} \quad , \quad q = 1,\ 2,\ 3\ \ldots \qquad (9.1.12)$$

Auch bei sehr klein gewählter Tastperiode T gibt es stets eine praktisch mögliche kleine Seillänge ℓ, für die Gl. (9.1.12) erfüllt ist.

Wenn bei Kaskadenregelungen in einem unterlagerten Regelkreis eine Kürzungskompensation durch entsprechende Wahl von Nullstellen des Teil-Reglers durchgeführt wurde, dann sind die gekürzten Pole der Teil-Regelstrecke nominell nicht steuerbar, werden es aber bei Parameteränderungen der Regelstrecke.

Generell sollte man möglichst die Nähe solcher numerischen Singularitäten vermeiden, die strukturell bedingten muß man allerdings beim Entwurf von vornherein berücksichtigen. Wie erkennt man nun die Ordnungen der Teilsysteme bei einem gegebenen Paar ($\underline{F}$, $\underline{G}$) bzw. ($\underline{A}$, $\underline{B}$)? Gezeigt wird dies zunächst am folgenden

Beispiel:

$$\underline{A} = \begin{bmatrix} 1 & 1 & 0 & 0 & 0 \\ 0 & 1 & 1 & 0 & 1 \\ -1 & 1 & 1 & 0 & -1 \\ 0 & 0 & 1 & 1 & 1 \\ 1 & -1 & 0 & 0 & 2 \end{bmatrix}, \quad \underline{B} = \begin{bmatrix} 1 & -1 & -2 \\ 2 & -1 & -1 \\ 1 & -1 & -1 \\ 1 & 0 & -1 \\ 1 & 1 & 1 \end{bmatrix} \qquad (9.1.13)$$

Wir untersuchen zunächst nur die Steuerbarkeit von u_1 aus mit Hilfe der Steuerbarkeitsmatrix

$$[\underline{b}_1, \underline{A}\underline{b}_1, \underline{A}^2\underline{b}_1, \underline{A}^3\underline{b}_1, \underline{A}^4\underline{b}_1] = \begin{bmatrix} 1 & 3 & 7 & 13 & 21 \\ 2 & 4 & 6 & 8 & 10 \\ 1 & 1 & 1 & -1 & -9 \\ 1 & 3 & 5 & 7 & 9 \\ 1 & 1 & 1 & 3 & 11 \end{bmatrix}$$

$$\begin{array}{ccccc} \ast & \ast & \ast & \ast & 0 \end{array}$$

Durch einen Stern ($\ast$) sind die linear unabhängigen Spalten gekennzeichnet, die sich ergeben, wenn man die Auswahl von links beginnt. Die Null (0) kennzeichnet linear abhängige Spalten, hier ist

$$[\underline{b}_1, \ \underline{A} \ \underline{b}_1, \ \underline{A}^2\underline{b}_1, \ \underline{A}^3\underline{b}_1, \ \underline{A}^4\underline{b}_1] \begin{bmatrix} 2 \\ -7 \\ 9 \\ -5 \\ 1 \end{bmatrix} = \underline{0}$$

Der Rang der Steuerbarkeitsmatrix ist vier, es ist also ein Teilsystem vierter Ordnung von u_1 aus steuerbar. Nach Gl. (2.3.38) kann man aus den Linearkoeffizienten unmittelbar das charakteristische Polynom des Teilsystems hinschreiben, es ist

$$P_1(z) = 2 - 7z + 9z^2 - 5z^3 + z^4$$

Entsprechend erhält man für die zweite Stellgröße

$$[\underline{b}_2, \ \underline{A} \ \underline{b}_2, \ \underline{A}^2\underline{b}_2, \ \underline{A}^3\underline{b}_2] \begin{bmatrix} \underline{p}_2 \\ 1 \end{bmatrix} = \begin{bmatrix} -1 & -2 & -3 & -4 \\ -1 & -1 & -1 & -1 \\ -1 & -2 & -3 & -4 \\ 0 & 0 & 0 & 0 \\ 1 & 2 & 3 & 4 \end{bmatrix} \begin{bmatrix} -1 \\ 3 \\ -3 \\ 1 \end{bmatrix} = \underline{0}$$

$$\begin{matrix} \times & \times & \times & 0 \end{matrix}$$

Sie steuert ein Teilsystem dritter Ordnung mit dem charakteristischen Polynom $P_2(z) = -1+3z-3z^2+z^3$. Die entsprechenden Beziehungen für die dritte Stellgröße lauten

$$[\underline{b}_3, \ \underline{A} \ \underline{b}_3, \ \underline{A}^2\underline{b}_3, \ \underline{A}^3\underline{b}_3] \begin{bmatrix} \underline{p}_3 \\ 1 \end{bmatrix} = \begin{bmatrix} -2 & -3 & -4 & -5 \\ -1 & -1 & -1 & -1 \\ -1 & -1 & 0 & 3 \\ -1 & -1 & -1 & -1 \\ 1 & 1 & 0 & -3 \end{bmatrix} \begin{bmatrix} -2 \\ 5 \\ -4 \\ 1 \end{bmatrix} = \underline{0}$$

$$\begin{matrix} \times & \times & \times & 0 \end{matrix}$$

$$P_3(z) = -2+5z-4z^2+z^3$$

Wir versuchen nun, das System mit Hilfe der Stellgrößen u_1 und u_2 zu steuern. Da die einzelnen Stellgrößen nur Teil-

systeme von der Ordnung maximal vier steuern können, kann
die Steuerung, wenn sie überhaupt möglich ist - bereits in
vier Abtastschritten beendet werden. Wir schreiben
Gl. (9.1.6) also für N = 4

$$\underline{x}[4]-\underline{A}^4\underline{x}[0]=[\underline{A}^3\underline{b}_1,\underline{A}^3\underline{b}_2,\underline{A}^2\underline{b}_1,\underline{A}^2\underline{b}_2,\underline{A}\,\underline{b}_1,\underline{A}\,\underline{b}_2,\underline{b}_1,\underline{b}_2]\underline{u}_4$$

$$(9.1.14)$$

$$u_4=[u_1[0],u_2[0],u_1[1],u_2[1],u_1[2],u_2[2],u_1[3],u_2[3]]'$$

Es existieren genau dann Lösungen, wenn die Matrix fünf
linear unabhängige Vektoren enthält. Es gibt nun viele Möglichkeiten, diese auszuwählen, dies hängt von der Reihenfolge ab, in der wir die Vektoren auf lineare Abhängigkeit
prüfen. Einfach ist es z.B., die vier bereits gefundenen Vektoren zur ersten Stellgröße zu verwenden und den ersten Vek-
tor $\underline{A}^3\underline{b}_2$ der zweiten Stellgröße hinzuzunehmen. Die Zeitdauer
der Lösung wird verkürzt, indem wir diejenigen Stellamplitu-
den zu Null zu setzen, die zu den nicht verwendeten Vektoren
gehören, d.h. $u_2[1] = u_2[2] = u_2[3] = 0$. Gl. (9.1.14) reduziert sich damit auf

$$\underline{x}[4]-\underline{A}^4\underline{x}[0] = [\underline{A}^3\underline{b}_1,\underline{A}^3\underline{b}_2,\underline{A}^2\underline{b}_1,\underline{A}\,\underline{b}_1,\underline{b}_1]\underline{w}$$

$$\underline{w} = [u_1[0],u_2[0],u_1[1],u_1[2],u_1[3]]'$$

Die darin auftretende quadratische Matrix ist invertierbar,
so daß $\underline{w}$ berechnet werden kann. Man kann sich nun fragen, ob
die Aufgabe der Steuerung nicht gleichmäßiger auf beide Stellgrößen verteilt und damit schneller beendet werden kann. Tatsächlich ist

$$\text{Rang } [\underline{A}^3\underline{b}_1,\underline{A}^3\underline{b}_2,\underline{A}^2\underline{b}_1,\underline{A}^2\underline{b}_2,\underline{A}\,\underline{b}_1] = 5$$

so daß auch die Lösung $u_2[2] = u_1[3] = u_2[3] = 0$ möglich ist.
Gl. (9.1.6) kann für N = 3 Abtastschritte geschrieben und
nach $\underline{w}$ aufgelöst werden.

$$\underline{x}[3] - \underline{A}^3\underline{x}[0] = [\underline{A}^2\underline{b}_1,\underline{A}^2\underline{b}_2,\underline{A}\,\underline{b}_1,\underline{A}\,\underline{b}_2,\underline{b}_1]\underline{w}$$

$$\underline{w} = [u_1[0],u_2[0],u_1[1],u_2[1],u_1[2]]$$

122

Schließlich fragen wir, ob sich der Einschwingvorgang noch weiter verkürzen läßt, wenn man die dritte Stellgröße hinzunimmt. Es ergibt sich

$$\text{Rang } [\underline{A}^2\underline{b}_1, \underline{A}^2\underline{b}_2, \underline{A}^2\underline{b}_3, \underline{A}\,\underline{b}_1, \underline{A}\,\underline{b}_3] = 5$$

Da jetzt nur noch zwei Abtastintervalle benötigt werden, kann Gl. (9.1.6) geschrieben werden

$$\underline{x}[2] - \underline{A}^2\underline{x}[0] = [\underline{A}\,\underline{b}_1, \underline{A}\,\underline{b}_2, \underline{A}\,\underline{b}_3, \underline{b}_1, \underline{b}_3]\underline{w}$$

$$\underline{w} = [u_1[0], u_2[0], u_3[0], u_1[1], u_3[1]] \qquad (9.1.15)$$

Das System wird z.B. aus dem Anfangszustand $\underline{x}[0]$ in den Nullzustand $\underline{x}[2]$ überführt mit der Steuerfolge

$$\underline{w} = -[\underline{A}\,\underline{B}, \underline{b}_1, \underline{b}_3]^{-1}\underline{A}^2\underline{x}[0]$$

$$\begin{bmatrix} u_1[0] \\ u_2[0] \\ u_3[0] \\ u_1[1] \\ u_3[1] \end{bmatrix} = \begin{bmatrix} -1,5 & 0 & 0,5 & 0,5 & -1,5 \\ 0 & 1 & -0,5 & -1 & -0,5 \\ 4 & 0 & -2,5 & -1 & 1,5 \\ 1,5 & 0 & -1 & -0,5 & 1 \\ -7 & 0 & 5 & 3 & -3 \end{bmatrix} \underline{x}[0] \qquad (9.1.16)$$

9.1.2 Steuerbarkeitsindices

Das Beispiel der zeitoptimalen Steuerfolgen motiviert die folgende Definition:

Der __maximale Steuerbarkeitsindex__ μ eines steuerbaren Paares $(\underline{A}, \underline{B})$ ist die kleinste ganze Zahl N für die

$$\text{Rang } [\underline{B}, \underline{A}\,\underline{B} \ldots \underline{A}^{N-1}\underline{B}] = n \qquad (9.1.17)$$

Offensichtlich benötigt die zeitoptimale Lösung des Steuerungsproblems (9.1.6) mit beliebig vorgegebenem Anfangs- und Endzustand genau μ Abtastschritte. Sie erfüllt

$$\underline{x}[\mu] - \underline{A}^{\mu}\underline{x}[0] = [\underline{A}^{\mu-1}\underline{B}, \underline{A}^{\mu-2}\underline{B} \ldots \underline{B}][\underline{u}'[0], \underline{u}'[1] \ldots \underline{u}'[\mu-1]]'$$

$$(9.1.18)$$

Es kann aber mehrere Lösungen mit dieser Schrittzahl geben. Im obigen Beispiel ist

$$[\underline{A}\,\underline{B}\,,\,\underline{B}] \cdot [1 \quad -2 \quad 0 \quad -1 \quad 2 \quad 2]' = \underline{0}$$

Zu der Lösung (9.1.16) kann also eine Folge

$$\Delta\underline{u}[0] = a \begin{bmatrix} 1 \\ -2 \\ 0 \end{bmatrix} \,,\; \Delta\underline{u}[1] = a \begin{bmatrix} -1 \\ 2 \\ 2 \end{bmatrix}$$

mit beliebigem a addiert werden und es wird unverändert $\underline{x}[2] = \underline{0}$ erreicht. Eindeutig wird die Lösung erst durch die Forderung $u_2[1] = 0$. Sie ergibt sich, wenn man in Gl. (9.1.18) aus $[\underline{A}^{\mu-1}\underline{B} \ldots \underline{B}]$ von links beginnend die ersten n linear unabhängigen Vektoren heraussucht. Man kann dies z.B. schreiben durch Multiplikation mit einer (μr)xn-Selektionsmatrix $\underline{S}$

$$\underline{Q} = [\underline{A}^{\mu-1}\underline{B}, \underline{A}^{\mu-2}\underline{B} \ldots \underline{B}] \cdot \underline{S}$$

$\underline{S}$ hat in jeder Spalte eine 1 und in jeder Zeile keine oder eine Eins. Es ist $\underline{S}'\underline{S} = \underline{I}$. Die Matrix $\underline{Q}$ ist dann regulär und die Steuerfolge wird berechnet aus

$$\underline{S}' \begin{bmatrix} \underline{u}[0] \\ \vdots \\ \underline{u}[\mu-1] \end{bmatrix} = \underline{Q}^{-1} (\underline{x}[\mu] - \underline{A}^{\mu}\underline{x}[0]) \qquad (9.1.19)$$

Alle nicht durch die Selektionsmatrix ausgewählten Elemente der Steuerfolgen sind Null. Für $\underline{x}[\mu] = \underline{0}$ erhält man aus Gl. (9.1.19) die Deadbeat-Steuerfolge.

Anmerkung 9.2

Die hier gewählte Darstellung struktureller Eigenschaften von Mehrgrößensystemen geht bei der Rangbestimmung von der an-

124

schaulichen Vorstellung aus, man würde einen neu hinzukommen-
den Vektor auf seine lineare Abhängigkeit von den bereits
vorher ausgewählten linear unabhängigen Vektoren prüfen, wie
man es bei der Gram-Schmidt-Orthonormalisierung [61.2],
[65.3] macht. Es sei aber darauf hingewiesen, daß numerisch
effiziente Verfahren anders vorgehen, z.B. über die Berechnung der singulären Werte [80.9], [81.4].

Bei der Berechnung zeitoptimaler Steuerungen wird eine Auswahl
linear unabhängiger Spalten aus der Steuerbarkeitsmatrix getrof-
fen. Man bildet und prüft die Vektoren zweckmäßigerweise in der
Reihenfolge der Spalten von $\underline{B}$, $\underline{A}\,\underline{B}$ ... $\underline{A}^{\mu-1}\underline{B}$. Für diesen Auswahlvorgang führen wir die Schreibweise "Reg $\underline{X}$" ein. Reg $\underline{X}$ bezeich-
net die Matrix, die aus $\underline{X}$ dadurch entsteht, daß man von links beginnend alle linear abhängigen Vektoren eliminiert. Die Matrix
$\underline{R}$ = Reg $[\underline{B}, \underline{A}\,\underline{B} \ldots \underline{A}^{\mu-1}\underline{B}]$ enthält die Spalten

$$
\begin{array}{cccc}
\underline{b}_1 & \underline{b}_2 & \cdots & \underline{b}_r \\
\underline{Ab}_1 & \cdot & & \cdot \\
\cdot & \cdot & & \cdot \\
\cdot & \cdot & & \cdot \\
\underline{A}^{\mu_1-1}\,\underline{b}_1 & \underline{A}^{\mu_2-1}\,\underline{b}_2 & \cdots & \underline{A}^{\mu_r-1}\,\underline{b}_r
\end{array}
\tag{9.1.20}
$$

Die einzelnen Vektorketten $\underline{b}_i$, $\underline{A}\,\underline{b}_i$ ... $\underline{A}^{\mu_i-1}\underline{b}_i$ sind lückenlos.
Angenommen nämlich, $\underline{A}^k\underline{b}_i$ sei linear abhängig von seinen Vorgän-
gern, d.h. es existiert $\underline{q}$, so daß

$$
\underline{A}^k\underline{b}_i = [\underline{B}, \underline{A}\,\underline{B} \ldots \underline{A}^{k-1}\underline{B}, \underline{A}^k\underline{b}_1 \ldots \underline{A}^k\underline{b}_{i-1}]\underline{q}
$$

Multiplikation dieser Gleichung mit $\underline{A}$ ergibt

$$
\underline{A}^{k+1}\underline{b}_i = [\underline{A}\,\underline{B}, \underline{A}^2\underline{B} \ldots \underline{A}^k\underline{B}, \underline{A}^{k+1}\underline{b}_1 \ldots \underline{A}^{k+1}\underline{b}_{i-1}]\underline{q}
\tag{9.1.21}
$$

Es ist dann also auch $\underline{A}^{k+1}\underline{b}_i$ linear abhängig von seinen Vorgängern.

Die bei dem Auswahlvorgang (9.1.20) entstehenden Längen μ_i der
Vektorketten werden nun wie folgt definiert:

Der _Steuerbarkeitsindex_ μ_i der Spalte $\underline{b}_i$ in

$\underline{B} = [\underline{b}_1, \underline{b}_2 \ldots \underline{b}_r]$ ist die kleinste ganze Zahl, so daß

$\underline{A}^{\mu_i} \underline{b}_i$ linear abhängig ist von seinen Vorgängern in

$[\underline{B}, \underline{A}\,\underline{B} \ldots]$.

Die Steuerbarkeits-Indices werden auch als "Kronecker-Indices" bezeichnet.

Beispiel:

Bei dem Beispiel (9.1.13) ist

$$\underline{R} = \text{Reg}[\underline{B}, \underline{A}\,\underline{B}] = [\underline{b}_1, \underline{b}_2, \underline{b}_3, \underline{A}\,\underline{b}_1, \underline{A}\,\underline{b}_3]$$

d.h. $\mu_1 = 2$, $\mu_2 = 1$, $\mu_3 = 2$.

9.1.3 α- und β-Parameter, Eingangs-Normierung

In Fortsetzung der Vektorketten (9.1.20) erhält man $\underline{A}^{\mu_i} \underline{b}_i$ als den ersten linear abhängigen Vektor, er kann als Linearkombination seiner Vorgänger ausgedrückt werden

$$-\underline{A}^{\mu_i} \underline{b}_i = [\underline{B}, \underline{A}\,\underline{B} \ldots \underline{A}^{\mu_i-1} \underline{B} \vdots \underline{A}^{\mu_i} \underline{b}_1 \ldots \underline{A}^{\mu_i} \underline{b}_{i-1}] \begin{bmatrix} \tilde{\underline{\alpha}}_i \\ \underline{\beta}_i \end{bmatrix}$$

oder

$$[\underline{B}, \underline{A}\,\underline{B} \ldots \underline{A}^{\mu_i-1} \underline{B}]\tilde{\underline{\alpha}}_i + \underline{A}^{\mu_i} [\underline{b}_1 \ldots \underline{b}_i] \begin{bmatrix} \underline{\beta}_i \\ 1 \end{bmatrix} = \underline{0} \qquad (9.1.22)$$

Dabei können $\tilde{\underline{\alpha}}_i$ und $\underline{\beta}_i$ dadurch eindeutig festgelegt werden, daß man nur die Vektoren in Reg $[\underline{B}, \underline{A}\,\underline{B} \ldots \underline{A}^{\mu_i}\underline{b}_{i-1}]$ verwendet und die übrigen Elemente in $\tilde{\underline{\alpha}}_i$ und $\underline{\beta}_i$ zu Null setzt. Es ist also insbesondere das Element $\beta_{ih} = 0$, wenn $\underline{A}^{\mu_i} \underline{b}_h$ kein regulärer Vektor ist, d.h.

$$\beta_{ih} = 0 \text{ für } \mu_i \geq \mu_h \qquad (9.1.23)$$

Beispiel:

Für das System von Gl. (9.1.13) gilt

$$
\begin{aligned}
\underline{b}_1 &= [\ 1 \quad 2 \quad 1 \quad 1 \quad 1]' & & & * \\
\underline{b}_2 &= [-1 \quad -1 \quad -1 \quad 0 \quad 1]' & & & * \\
\underline{b}_3 &= [-2 \quad -1 \quad -1 \quad -1 \quad 1]' & & & * \\
\underline{A}\,\underline{b}_1 &= [\ 3 \quad 4 \quad 1 \quad 3 \quad 1]' & & & * \\
\underline{A}\,\underline{b}_2 &= [-2 \quad -1 \quad -2 \quad 0 \quad 2]' & = -0,5\underline{b}_1 + \underline{b}_2 + \underline{b}_3 + 0,5\underline{Ab}_1 & & 0 \\
\underline{A}\,\underline{b}_3 &= [-3 \quad -1 \quad -1 \quad -1 \quad 1]' & & & * \\
\underline{A}^2\underline{b}_1 &= [\ 7 \quad 6 \quad 1 \quad 5 \quad 1]' & = -\underline{b}_1 + 2\underline{b}_3 + 2\underline{Ab}_1 - 2\underline{Ab}_3 & & 0 \\
\underline{A}^2\underline{b}_2 &= \underline{A}\,\underline{A}\,\underline{b}_2 & & & 0 \\
\underline{A}^2\underline{b}_3 &= [-4 \quad -1 \quad 0 \quad -1 \quad 0]' & = 0,5\underline{b}_1 - 3\underline{b}_3 - 0,5\underline{Ab}_1 + 3\underline{Ab}_3 & & 0
\end{aligned}
$$

Der Stern ($*$) bezeichnet wieder die linear unabhängigen Vektoren, die Reg [$\underline{B}$, $\underline{A}\,\underline{B}$ ...] bilden.

Gl. (9.1.22) für i = 1, 2, 3 lautet demnach hier

$$[\underline{b}_1, \ \underline{b}_2, \ \underline{b}_3, \ \underline{A}\,\underline{b}_1, \ \underline{A}\,\underline{b}_3][1 \quad 0 \quad -2 \quad -2 \quad 2]' + \underline{A}^2\underline{b}_1 = \underline{0}$$

$$[\underline{b}_1, \ \underline{b}_2, \ \underline{b}_3][0,5 \quad -1 \quad -1]' + [\underline{A}\,\underline{b}_1, \underline{A}\,\underline{b}_2][-0,5 \quad 1]' = \underline{0}$$

$$[\underline{b}_1, \ \underline{b}_2 \quad \underline{b}_3, \ \underline{A}\,\underline{b}_1, \ \underline{A}\,\underline{b}_3][-0,5 \quad 0 \quad 3 \quad 0,5 \quad -3]' + \underline{A}^2\underline{b}_3 = \underline{0}$$

$$(9.1.24)$$

Die für die zeitoptimale Steuerung nach Gl. (9.1.18) benötigte Auswahl von Vektoren erhält man, indem man die Vektorketten $\underline{b}_i, \ \underline{A}\,\underline{b}_i \ \dots \ \underline{A}^{\mu_i-1}\underline{b}_i$ mit $\underline{A}^{\mu-\mu_i}$ multipliziert. Gl. (9.1.22) wird damit

$$[\underline{A}^{\mu-\mu_i}\underline{B}, \ \underline{A}^{\mu-\mu_i+1}\underline{B} \ \dots \underline{A}^{\mu-1}\underline{B}]\tilde{\underline{\alpha}}_i + \underline{A}^{\mu}[\underline{b}_1 \dots \underline{b}_i]\begin{bmatrix} \underline{\beta}_i \\ 1 \end{bmatrix} = \underline{0} \qquad (9.1.25)$$

Unter der bei Abtastsystemen fast immer erfüllten Annahme det $\underline{A} \neq 0$ würden sich aus dieser Gleichung die gleichen $\tilde{\underline{\alpha}}_i$ und $\underline{\beta}_i$

wie vorher ergeben. Gl. (9.1.25) wird nun für i = 1, 2, ... r
geschrieben und zu einer Matrix-Gleichung zusammengesetzt

$$[\underline{B},\ \underline{A}\ \underline{B}\ \cdots\ \underline{A}^{\mu-1}\underline{B}]\begin{bmatrix} \underline{0} & \underline{0} & & & \underline{0} \\ & & & & \\ \underline{\tilde{\alpha}}_1 & \underline{\tilde{\alpha}}_2 & \cdots & \underline{\tilde{\alpha}}_m & \cdots & \underline{\tilde{\alpha}}_r \end{bmatrix} + \underline{A}^{\mu}\underline{B}\cdot\underline{M}_{AB} = \underline{0}$$

$$\mu_m = \mu \qquad\qquad (9.1.26)$$

Darin tritt als Faktor von $\underline{A}^{\mu}\underline{B}$ die folgende Matrix auf

$$\underline{M}_{AB} := \begin{bmatrix} 1 & \underline{\beta}_2 & \underline{\beta}_3 & & \underline{\beta}_r \\ 0 & 1 & & & \\ \vdots & & 1 & \cdot & \\ & & & \cdot & \cdot \\ 0 & \cdots & & 0 & \cdot 1 \end{bmatrix} \qquad \underline{\beta}_i = \begin{bmatrix} \beta_{i1} \\ \vdots \\ \beta_{ii-1} \end{bmatrix} \qquad (9.1.27)$$

Beispiel:

Die zweite der Gln.(9.1.24) wird mit $\underline{A}$ multipliziert, man
erhält

$$[\underline{B}\ \ \underline{A}\ \underline{B}]\begin{bmatrix} 1 & 0 & -0,5 \\ 0 & 0 & 0 \\ -2 & 0 & 3 \\ -2 & 0,5 & 0,5 \\ 0 & -1 & 0 \\ 2 & -1 & -3 \end{bmatrix} + \underline{A}^2\underline{B}\underbrace{\begin{bmatrix} 1 & -0,5 & 0 \\ 0 & 1 & 0 \\ 0 & 0 & 1 \end{bmatrix}}_{\underline{M}_{AB}} = \underline{0}$$

$$(9.1.28)$$

Die Steuerbarkeits-Indices sind $\mu_1 = 2$, $\mu_2 = 1$, $\mu_3 = 2$, nach
Gl. (9.1.23) ist $\beta_{31} = 0$ wegen $\mu_3 \geq \mu_1$ und $\beta_{32} = 0$ wegen
$\mu_3 \geq \mu_1$ und $\beta_{32} = 0$ wegen $\mu_3 \geq \mu_2$.

Wie das Beispiel illustriert, treten β-Koeffizienten nur auf,
wenn in der Folge der Steuerbarkeits-Indices μ_1, μ_2 ... μ_r ein
Wert kleiner als seine Vorgänger ist. Wenn die μ_i eine monoton
anwachsende oder gleichbleibende Folge bilden, ist $\underline{M}_{AB}$ die Einheitsmatrix. Die Dreiecksmatrix $\underline{M}_{AB}$ nach Gl. (9.1.27) ist nur in
dem speziellen Fall vollbesetzt, daß die μ_i eine monoton fallen-
de Folge bilden.

An späterer Stelle werden wir darauf zurückkommen, daß die β-
Parameter invariant sind unter einer Transformation $(\underline{A},\underline{B}) \rightarrow$
$(\underline{T}(\underline{A}-\underline{B}\ \underline{K})\underline{T}^{-1}, \underline{T}\ \underline{B})$, det $\underline{T} \neq 0$. Bei der Berechnung einer Zustandsvektor-Rückführung $\underline{K}$ machen sie jedoch den Lösungsweg unübersicht-
lich. Wir können uns viele dieser Schwierigkeiten ersparen, wenn
wir in Gl. (9.1.26) eine normierte Eingangs-Matrix

$$\underline{D}: = \underline{B}\ \underline{M}_{AB} = [\underline{d}_1 \ \cdots \ \underline{d}_r] \qquad\qquad (9.1.29)$$

einführen. Wegen det $\underline{M}_{AB} \neq 0$ ist Rang $\underline{D}$ = Rang $\underline{B}$ = r. Diese Eingangs-Transformation wird durch das Blockschaltbild 9.1 veran-
schaulicht.

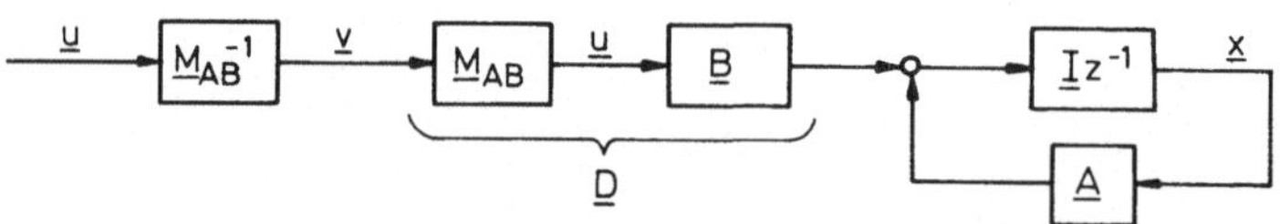

Bild 9.1 Eingangs-Transformation

Anstelle der Eingangsgröße $\underline{u}$ betrachten wir nun die normierte
Eingangsgröße $\underline{v}$. Dies bedeutet keine Einschränkung der Lösungsvielfalt, da es mit

$$\underline{u} = \underline{M}_{AB}\ \underline{v} \ , \ \underline{v} = \underline{M}_{AB}^{-1}\underline{u} \qquad\qquad (9.1.30)$$

zu jedem $\underline{u}$ ein $\underline{v}$ und zu jedem $\underline{v}$ ein $\underline{u}$ gibt. Gl. (9.1.26) kann
damit umgeformt werden in

$$[\underline{D} \quad \underline{A}\,\underline{D} \,\cdots\, \underline{A}^{\mu-1}\underline{D}] \begin{bmatrix} \underline{0} & \underline{0} & & \cdots & & & \underline{0} \\ & & & & \underline{\alpha}_m & & \\ \underline{\alpha}_1 & \underline{\alpha}_2 & & & & & \underline{\alpha}_r \end{bmatrix} + \underline{A}^{\mu}\underline{D} = 0$$

$$\mu_m = \mu \tag{9.1.31}$$

wobei die Elemente von

$$\underline{\alpha}_i := \begin{bmatrix} \underline{M}_{AB}^{-1} & & \underline{0} \\ & \ddots & \\ \underline{0} & & \underline{M}_{AB}^{-1} \end{bmatrix} \tilde{\underline{\alpha}}_i \quad , \quad i = 1,\, 2 \,\cdots\, r \tag{9.1.32}$$

als "α-Parameter" definiert werden. Die i-te Spalte von
Gl. (9.1.31) kann entsprechend zu Gl. (9.1.22) geschrieben werden als

$$[\underline{D},\ \underline{A}\,\underline{D} \,\cdots\, \underline{A}^{\mu_i-1}\underline{D}]\underline{\alpha}_i + \underline{A}^{\mu_i}\underline{d}_i = \underline{0} \tag{9.1.33}$$

Die Abhängigkeit von $\underline{A}^{\mu_i}\underline{d}_1 \,\cdots\, \underline{A}^{\mu_i}\underline{d}_{i-1}$ ist durch die Eingangs-
transformation eliminiert worden. Die α-Parameter werden mit
dreifachem Index als α_{ijk} bezeichnet, wobei

$$\underline{A}^{\mu_i}\underline{d}_i + \sum_{j=1}^{r} \sum_{k=0}^{\mu_i-1} \alpha_{ijk}\,\underline{A}^{k}\underline{d}_j \tag{9.1.34}$$

Aufgrund der Auswahl linear unabhängiger Spalten gemäß
Gl. (9.1.20) ist darin

$$\alpha_{ijk} = 0 \quad \text{für} \quad k \geq \mu_j \tag{9.1.35}$$

Beispiel:

Bei dem Beispiel (9.1.13) ist nach Gl. (9.1.28)

$$\underline{D} = \underline{B}\,\underline{M}_{AB} = \begin{bmatrix} 1 & -1 & -2 \\ 2 & -1 & -1 \\ 1 & -1 & -1 \\ 1 & 0 & -1 \\ 1 & 1 & 1 \end{bmatrix} \begin{bmatrix} 1 & -0,5 & 0 \\ 0 & 1 & 0 \\ 0 & 0 & 1 \end{bmatrix} = \begin{bmatrix} 1 & -1,5 & -2 \\ 2 & -2 & -1 \\ 1 & -1,5 & -1 \\ 1 & -0,5 & -1 \\ 1 & 0,5 & 1 \end{bmatrix}$$

$$\underline{d}_1 = [\,1 \quad 2 \quad 1 \quad 1 \quad 1\,]' \qquad\qquad *$$

$$\underline{d}_2 = [-1,5 \quad -2 \quad -1,5 \quad -0,5 \quad 0,5]' \qquad\qquad *$$

$$\underline{d}_3 = [-2 \quad -1 \quad -1 \quad -1 \quad 1\,]' \qquad\qquad *$$

$$\underline{A}\,\underline{d}_1 = [\,3 \quad 4 \quad 1 \quad 3 \quad 1\,]' \qquad\qquad *$$

$$\underline{A}\,\underline{d}_2 = [-3,5 \quad -3 \quad -2,5 \quad -1,5 \quad 1,5]' \;,\; -\underline{d}_2 - \underline{d}_3 + \underline{A}\underline{d}_2 = \underline{0} \qquad 0$$

$$\underline{A}\,\underline{d}_3 = [-3 \quad -1 \quad -1 \quad -1 \quad 1\,]' \qquad\qquad *$$

$$\underline{A}^2\underline{d}_1 = [\,7 \quad 6 \quad 1 \quad 5 \quad 1\,]' \;,\; \underline{d}_1 - 2\underline{d}_3 - 2\underline{A}\underline{d}_1 + 2\underline{A}\underline{d}_3 + \underline{A}^2\underline{d}_1 = \underline{0} \qquad 0$$

$$\underline{A}^2\underline{d}_2 = \underline{A}\cdot\underline{A}\underline{d}_2 \;,\; -\underline{A}\underline{d}_2 - \underline{A}\underline{d}_3 + \underline{A}^2\underline{d}_2 = \underline{0} \qquad 0$$

$$\underline{A}^2\underline{d}_3 = [-4 \quad -1 \quad 0 \quad -1 \quad 0\,]' \;,\; -0,5\underline{d}_1 + 3\underline{d}_3 + 0,5\underline{A}\underline{d}_1 - 3\underline{A}\underline{d}_3 + \underline{A}^2\underline{d}_3 = \underline{0} \qquad 0$$

Gl. (9.1.33) lautet für Systeme mit $\mu_1 = 2$, $\mu_2 = 1$, $\mu_3 = 2$

$$[\underline{d}_1, \; \underline{d}_2, \; \underline{d}_3, \; \underline{A}\,\underline{d}_1, \; \underline{A}\,\underline{d}_3] \begin{bmatrix} \alpha_{110} \\ \alpha_{120} \\ \alpha_{130} \\ \alpha_{111} \\ \alpha_{131} \end{bmatrix} + \underline{A}^2\underline{d}_1 = \underline{0}$$

$$[\underline{d}_1, \; \underline{d}_2, \; \underline{d}_3] \begin{bmatrix} \alpha_{210} \\ \alpha_{220} \\ \alpha_{230} \end{bmatrix} + \underline{A}\,\underline{d}_2 = \underline{0} \qquad\qquad (9.1.36)$$

$$[\underline{d}_1, \; \underline{d}_2, \; \underline{d}_3, \; \underline{A}\,\underline{d}_1, \; \underline{A}\,\underline{d}_3] \begin{bmatrix} \alpha_{310} \\ \alpha_{320} \\ \alpha_{330} \\ \alpha_{311} \\ \alpha_{331} \end{bmatrix} + \underline{A}^2\underline{d}_3 = \underline{0}$$

und mit den gegebenen Zahlenwerten ist

$$\alpha_{110} = 1 \qquad \alpha_{210} = 0 \qquad \alpha_{310} = -0,5$$

$$\alpha_{120} = 0 \qquad \alpha_{220} = -1 \qquad \alpha_{320} = 0$$

$$\alpha_{130} = -2 \qquad \alpha_{230} = -1 \qquad \alpha_{330} = 3$$

$$\alpha_{111} = -2 \qquad\qquad\qquad\qquad \alpha_{311} = 0,5$$

$$\alpha_{131} = 2 \qquad\qquad\qquad\qquad \alpha_{331} = -3$$

9.1.4 Sequenzen endlicher Wirkungsdauer

Die Bedeutung der Eingangs-Normierung und der α-Parameter soll
nun anhand der "Sequenzen endlicher Wirkungsdauer" bei dem
System von Bild 9.1 mit dem Eingang $\underline{v}$ veranschaulicht werden.
Dieser Begriff wird zuerst für ein Eingrößensystem

$$\underline{x}[k+1] = \underline{A}\,\underline{x}[k] + \underline{b}\,u[k] \tag{9.1.37}$$

eingeführt. Das charakteristische Polynom von $\underline{A}$ sei
$\det(z\underline{I} - \underline{A}) = z^n + a_{n-1}z^{n-1} + \ldots + a_1 z + a_0$. Die Steuerfolge

$$\begin{bmatrix} u[k+n] \\ \cdot \\ \cdot \\ \cdot \\ u[k+1] \\ u[k] \end{bmatrix} = \begin{bmatrix} a_0 \\ \cdot \\ \cdot \\ \cdot \\ a_{n-1} \\ 1 \end{bmatrix} \tag{9.1.38}$$

$$u_z(z) = z^{-k-n}(a_0 + a_1 z + \ldots + a_{n-1}z^{n-1} + z^n) = z^{-k-n}P_A(z)$$

ist dann eine Sequenz endlicher Wirkungsdauer. Sie bringt das
System auf nichttriviale Weise aus dem Anfangszustand $\underline{x}[k] = \underline{0}$
in den Endzustand $\underline{x}[k+n+1] = \underline{0}$. Man erkennt dies durch rekur-
sives Einsetzen:

$$\begin{aligned}
\underline{x}[k+1] &= \underline{b} \\
\underline{x}[k+2] &= \underline{A}\,\underline{b} + \underline{b}\,a_{n-1} \\
\underline{x}[k+3] &= \underline{A}^2\underline{b} + \underline{A}\,\underline{b}\,a_{n-1} + \underline{b}\,a_{n-2} \\
&\qquad\vdots \\
\underline{x}[k+n+1] &= \underline{A}^n\underline{b} + \underline{A}^{n-1}\underline{b}\,a_{n-1} + \ldots + \underline{A}\,\underline{b}\,a_1 + \underline{b}\,a_0 \\
&= (\underline{A}^n + a_{n-1}\underline{A}^{n-1} + \ldots + a_1\underline{A} + a_0\underline{I})\underline{b} \\
&= \underline{0} \quad \text{nach Cayley-Hamilton} \qquad\qquad (9.1.39)
\end{aligned}$$

Aus der Basis-Sequenz (9.1.38) können beliebig viele Sequenzen
endlicher Wirkungsdauer erzeugt werden durch

1. Zeitliche Verschiebung durch Wahl von k,

2. Multiplikation mit einem konstanten Faktor,

3. Addition so modifizierter Sequenzen.

Dieses Konzept der Sequenz endlicher Wirkungsdauer soll nun auf
Systeme mit r Stellgrößen verallgemeinert werden. Gesucht sind
die r kürzesten Basis-Sequenzen, die die Wirkung eines Impulses
am i-ten Eingang (i = 1, 2 ... r) gerade wieder aufheben. Diese
Basis-Sequenzen lassen sich einfach und eindeutig berechnen, wenn
man sie auf die normierten Eingangsgrößen $\underline{v}$ bezieht. Die i-te
Sequenz beginnt mit $\underline{v}^{(i)}[k] = [0\ldots0\ \ 1\ \ 0\ldots0]'$, d.h. mit einem
Impuls am Eingang v_i. Ihr weiterer Verlauf genügt den Gleichungen

$$\begin{aligned}
\underline{x}[k+1] &= \underline{D}\,\underline{v}^{(i)}[k] = \underline{d}_i \\
\underline{x}[k+2] &= \underline{A}\,\underline{d}_i + \underline{D}\,\underline{v}^{(i)}[k+1] \\
\underline{x}[k+3] &= \underline{A}^2\underline{d}_i + \underline{A}\,\underline{D}\,\underline{v}^{(i)}[k+1] + \underline{D}\,\underline{v}^{(i)}[k+2] \\
&\qquad\vdots \\
\underline{x}[k+\mu_i+1] &= \underline{A}^{\mu_i}\underline{d}_i + \underline{A}^{\mu_i-1}\underline{D}\,\underline{v}^{(i)}[k+1] + \ldots + \underline{D}\,\underline{v}^{(i)}[k+\mu]
\end{aligned}$$

$$= [\underline{D},\ \underline{A}\,\underline{D} \ldots \underline{A}^{\mu_i-1}\underline{D}]
\begin{bmatrix} \underline{v}^{(i)}[k+\mu_i] \\ \cdot \\ \cdot \\ \cdot \\ \underline{v}^{(i)}[k+1] \end{bmatrix}
+ \underline{A}^{\mu_i}\underline{d}_i \qquad (9.1.40)$$

Nach Gl. (9.1.33) wird $\underline{x}[k+\mu_i+1] = \underline{0}$ mit der Basis-Sequenz

$$\begin{bmatrix} \underline{v}^{(i)}[k+\mu_i] \\ \cdot \\ \cdot \\ \cdot \\ \underline{v}^{(i)}[k+1] \end{bmatrix} = \underline{\alpha}_i \quad , \quad v_i^{(i)}[k] = 1 \qquad (9.1.41)$$

Sequenzen endlicher Wirkungsdauer könnte man auch bezogen auf die ursprünglichen Stellgrößen $\underline{u}$ in Form der $\tilde{\alpha}$-Parameter aus Gl. (9.1.27) berechnen. Dabei müßten aber aufgrund von $\underline{M}_{AB}$ mehrere Eingänge gleichzeitig in $\underline{v}^{(i)}[k]$ angeregt werden, um die Basis-Sequenzen der Länge μ_i+1 zu starten.

Weitere Sequenzen endlicher Wirkungsdauer können wieder erzeugt werden, indem man die Basis-Sequenzen einzeln zeitlich gegeneinander verschiebt, mit konstanten Faktoren multipliziert und addiert.

Sequenzen endlicher Wirkungsdauer können einer beliebigen Steuerung überlagert werden. Hat man zu einem gegebenen Anfangszustand $\underline{x}_A[j]$ und gegebenem Endzustand $\underline{x}_E[m]$, $m \geq j + \mu$, eine Steuerfolge $\underline{u}[h]$, $j \leq h < m$, berechnet, so lassen sich alle anderen Steuerfolgen, die diese Transition bewirken, durch Addition von Sequenzen endlicher Wirkungsdauer erzeugen. Sie liefern damit eine geeignete Parameterisierung für die Berechnung optimaler Steuerfolgen, z.B. unter der Bedingung $|u_i| \leq 1$.

Man kann auch fehlerhaft ausgeführte Steuerfolgen nachträglich korrigieren durch Addition von Sequenzen endlicher Wirkungsdauer. Angenommen, es ist $u_i[j] + \Delta u_i[j]$ ausgeführt worden, wobei der Fehler $\Delta u_i[j]$ z.B. durch eine Störung im Stellglied oder durch Anlaufen gegen eine Sättigung erzeugt wurde. Mit $\Delta u_i[j]$ werden gemäß $\underline{u} = \underline{M}_{AB} \underline{v}$, bzw. der i-ten Zeile $u_i = \underline{m}_i' \underline{v}$ die Basis-Sequenzen

$$\Delta\underline{u}[h] = \Delta u_i[j] \cdot \underline{m}_i' \cdot \begin{bmatrix} \underline{v}^{(1)}[h] \\ \cdot \\ \cdot \\ \cdot \\ \underline{v}^{(r)}[h] \end{bmatrix} , \quad k = j+1, \quad j+2 \ldots \qquad (9.1.42)$$

gestartet. Stellt man also im Zeitintervall $jT < t < jT + T$ fest, daß das Stellglied i einen Fehler $\Delta u_i[j]$ ausgelöst hat und gibt die Sequenz $\Delta \underline{u}[h]$, $h = j + 1$, $j + 2 \ldots$ auf das System, so wird es damit unter Beteiligung aller Stellgrößen zeitoptimal auf die ideale Trajektorie ($\Delta u_i[j] = 0$) zurückgeführt. Im Steuer-Rechner müssen dazu Generatoren für die r Basis-Sequenzen implementiert sein, die durch $\Delta u_i[j]$ gestartet werden.

Als Elemente der Basis-Sequenzen haben die α-Parameter bei Mehrgrößensystemen offenbar eine ähnliche Bedeutung, wie die Koeffizienten des charakteristischen Polynoms bei Eingrößensystemen. Diese Überlegung wird uns im nächsten Abschnitt zur Definition einer charakteristischen Polynom-Matrix führen. Wir wollen sie in einer Form definieren, die später auch in einer kanonischen Form verwendet werden kann. Hierzu wird zunächst die Beziehung (9.1.33) durch Umsortieren von Spalten und Zeilen neu geordnet.

$$[\underline{d}_1, \underline{A}\,\underline{d}_1 \ldots \underline{A}^{m_{i1}}\underline{d}_1]\hat{\underline{\alpha}}_{i1} + \ldots [\underline{d}_r, \underline{A}\,\underline{d}_r \ldots \underline{A}^{m_{ir}}\underline{d}_r]\hat{\underline{\alpha}}_{ir} + \underline{A}^{\mu_i}\underline{d}_i = 0$$

$$(9.1.43)$$

darin ist

$$\hat{\underline{\alpha}}_{ij} = \begin{bmatrix} \alpha_{ijo} \\ \vdots \\ \alpha_{ijm_{ij}-1} \end{bmatrix} \quad , \quad m_{ij} = \min\{\mu_i, \mu_j\}$$

Die Basis-Sequenz (9.1.41) erhält damit die folgende Gestalt

$$\begin{bmatrix} v_1^{(i)}[k+m_{i1}] \\ \vdots \\ v_1^{(i)}[k+1] \\ \hline v_1^{(i)}[k] \end{bmatrix} = \begin{bmatrix} \hat{\underline{\alpha}}_{i1} \\ \hline 0 \end{bmatrix} \cdots \begin{bmatrix} v_i^{(i)}[k+\mu_i] \\ \vdots \\ v_i^{(i)}[k+1] \\ \hline v_i^{(i)}[k] \end{bmatrix} = \begin{bmatrix} \hat{\underline{\alpha}}_{ii} \\ \hline 1 \end{bmatrix} \cdots \begin{bmatrix} v_r^{(i)}[k+m_{ir}] \\ \vdots \\ v_r^{(i)}[k+1] \\ \hline v_r^{(i)}[k] \end{bmatrix} = \begin{bmatrix} \hat{\underline{\alpha}}_{ir} \\ \hline 0 \end{bmatrix}$$

$$(9.1.44)$$

Die z-Transformierte dieser Sequenz ist (bis auf einen gemeinsamen Verschiebungsfaktor $z^{-k-\mu_i}$ mit beliebigem k)

$$v_{1z}^{(i)}(z) = \underline{\hat{\alpha}}'_{i1}\ \underline{z}_{m_{i1}},\ \ldots v_{iz}^{(i)} = [\underline{\hat{\alpha}}'_{ii}\quad 1]\underline{z}_{\mu_i+1},\ \ldots v_{rz}^{(i)} = \underline{\hat{\alpha}}'_{ir}\ \underline{z}_{m_{ir}}$$

$$(9.1.45)$$

$$\underline{z}_N = [1\quad z\ \ldots\ z^{N-1}]$$

Um den Vektor mit den Elementen $v_1^{(i)}\ldots v_r^{(i)}$ zusammengefaßt schreiben zu können, ergänzen wir die Vektoren $\hat{\alpha}'_{ij}$ gegebenenfalls durch Nullen zu

$$\underline{\alpha}'_{ij} = \begin{cases} \underline{\hat{\alpha}}'_{ij} & \text{für } m_{ij} = \mu_i \\[2ex] [\underbrace{\underline{\hat{\alpha}}'_{ij}}_{\mu_j}\quad \underbrace{\underline{0}'}_{\mu_i-\mu_j}] & \text{für } m_{ij} = \mu_j \end{cases} \qquad (9.1.46)$$

Damit erhält die Sequenz (9.1.45) die Form

$$\underline{v}_z^{(i)}(z) = \begin{bmatrix} \underline{\alpha}'_{11} \\ \vdots \\ \underline{\alpha}'_{1r} \end{bmatrix} \underline{z}_{\mu_i} + z^{\mu_i} \begin{bmatrix} 0 \\ \vdots \\ 1 \\ \vdots \\ 0 \end{bmatrix} \leftarrow i \qquad (9.1.47)$$

Bildet man für jeden normierten Eingang v_i die Basis-Sequenz $v_z^{(i)}(z)$ und stellt die r Spaltenvektoren zu einer Matrix zusammen, so ist

$$\underline{V}_{AD}(z) := [\underline{v}_z^{(1)}(z)\ldots\underline{v}_z^{(r)}(z)] = \underline{L}_{AD} \begin{bmatrix} \underline{z}_{\mu_1} & & & \\ & \cdot & & \\ & & \cdot & \\ & & & \underline{z}_{\mu_r} \end{bmatrix} + \begin{bmatrix} z^{\mu_1} & & & \\ & \cdot & & \\ & & \cdot & \\ & & & z^{\mu_r} \end{bmatrix}$$

$$(9.1.48)$$

$$\underline{L}_{AD} = \begin{bmatrix} \underline{\alpha}'_{11} & \cdots & \underline{\alpha}'_{r1} \\ \vdots & & \vdots \\ \underline{\alpha}'_{1r} & \cdots & \underline{\alpha}'_{rr} \end{bmatrix}$$

Beispiel:

Für das Beispiel von Gl. (9.1.13) und (9.1.36) ist nach
Gl. (9.1.47) die erste Basis-Sequenz

$$\underline{v}_z^{(1)}(z) = \begin{bmatrix} \underline{\alpha}'_{11} \\ \underline{\alpha}'_{12} \\ \underline{\alpha}'_{13} \end{bmatrix} \begin{bmatrix} 1 \\ z \end{bmatrix} + \begin{bmatrix} z^2 \\ 0 \\ 0 \end{bmatrix} = \begin{bmatrix} \alpha_{110} & \alpha_{111} \\ \alpha_{120} & 0 \\ \alpha_{130} & \alpha_{131} \end{bmatrix} \begin{bmatrix} 1 \\ z \end{bmatrix} + \begin{bmatrix} z^2 \\ 0 \\ 0 \end{bmatrix} = \begin{bmatrix} \alpha_{110} + \alpha_{111}z + z^2 \\ \alpha_{120} \\ \alpha_{130} + \alpha_{131}z \end{bmatrix}$$

$$v_z^{(1)}(z) = \begin{bmatrix} 1-2z+z^2 \\ 0 \\ -2+2z \end{bmatrix}$$

Die drei Basis-Sequenzen werden zur Gl. (9.1.48) zusammengesetzt:

$$\underline{L}_{AD} = \begin{bmatrix} \underline{\alpha}'_{11} & \underline{\alpha}'_{21} & \underline{\alpha}'_{31} \\ \underline{\alpha}'_{12} & \underline{\alpha}'_{22} & \underline{\alpha}'_{32} \\ \underline{\alpha}'_{13} & \underline{\alpha}'_{23} & \underline{\alpha}'_{33} \end{bmatrix} = \begin{bmatrix} \alpha_{110} & \alpha_{111} & \alpha_{210} & \alpha_{310} & \alpha_{311} \\ \alpha_{120} & 0 & \alpha_{220} & \alpha_{320} & 0 \\ \alpha_{130} & \alpha_{131} & \alpha_{230} & \alpha_{330} & \alpha_{331} \end{bmatrix}$$

$$= \begin{bmatrix} 1 & -2 & 0 & -0.5 & 0.5 \\ 0 & 0 & -1 & 0 & 0 \\ -2 & 2 & -1 & 3 & -3 \end{bmatrix} \tag{9.1.49}$$

$$\underline{V}_{AD}(z) = \underline{L}_{AD} \begin{bmatrix} 1 & 0 & 0 \\ 2 & 0 & 0 \\ 0 & 1 & 0 \\ 0 & 0 & 1 \\ 0 & 0 & 2 \end{bmatrix} + \begin{bmatrix} z^2 & 0 & 0 \\ 0 & z & 0 \\ 0 & 0 & z^2 \end{bmatrix}$$

$$= \begin{bmatrix} \alpha_{110} + \alpha_{111}z + z^2 & \alpha_{210} & \alpha_{310} + \alpha_{311}z \\ \alpha_{120} & \alpha_{220} + z\,\alpha_{320} & \\ \alpha_{130} + \alpha_{131}z & \alpha_{230} & \alpha_{330} + \alpha_{331}z + z^2 \end{bmatrix}$$

$$= \begin{bmatrix} 1 - 2z + z^2 & 0 & -0.5 + 0.5z \\ 0 & -1 + z & 0 \\ -2 - 2z & -1 & 3 - 3z + z^2 \end{bmatrix} \tag{9.1.50}$$

9.1.5 Charakteristische Polynom-Matrix

Gl. (9.1.48) stellt eine Verallgemeinerung von Gl. (9.1.38) auf den Mehrgrößenfall dar. In Analogie wird $\underline{V}_{AD}(z)$ als "charakteristische Polynommatrix des Paares $(\underline{A},\underline{D})$" bezeichnet. Sie steht mit dem charakteristischen Polynom in dem Zusammenhang [77.4], [77.5]

$$P_A(z) = \det(z\underline{I} - \underline{A}) = \det \underline{V}_{AD}(z) \qquad (9.1.51)$$

Ihre Koeffizientenmatrix $\underline{L}_{AD}$ ist die Verallgemeinerung des Koeffizientenvektors $\underline{a}' = [a_o \quad a_1 \ldots a_{n-1}]$ des charakteristischen Polynoms $P_A(z) = [\underline{a}' \quad 1]\underline{z}_n$. Die Koeffizientenmatrix $\underline{L}_{AD}$ bezeichnen wir kurz als "charakteristische Matrix des Paares $(\underline{A},\underline{D})$". Sie ist invariant unter einer Basistransformation $\underline{x}^{*} = \underline{T}\,\underline{x}$ im Zustandsraum, da in $[\underline{D}, \underline{A}\,\underline{D} \ldots]$ und $\underline{T}\,[\underline{D}, \underline{A}\,\underline{D} \ldots]$, $\det \underline{T} \neq 0$ die gleichen linearen Abhängigkeiten der Spalten bestehen.

Beispiel:

Aus Gl. (9.1.50) ergibt sich

$$P_A(z) = \det \underline{V}_{AD}(z) = (z-1)^4 (z-2)$$

Alle anderen Sequenzen endlicher Wirkungsdauer entstehen aus den Spalten von Gl. (9.1.50), indem diese beliebig zeitlich verschoben, d.h. mit einem z^N multipliziert und linear miteinander kombiniert werden. $\underline{V}_z \cdot \underline{q}_z$, wobei $\underline{q}_z' = [q_{z_1} \quad q_{z_2} \quad q_{z_3}]$ aus beliebigen Polynomen in z besteht, ist wiederum eine Sequenz endlicher Wirkungsdauer.

Die Berechnung von $P_A(z)$ über die charakteristische Matrix des Paares $(\underline{A},\underline{B})$ erscheint hier umständlich und allenfalls als Kontrolle geeignet. Wir werden aber sehen, daß durch Vorgabe einer entsprechenden Polynommatrix für den geschlossenen Kreis $\underline{A} - \underline{B}\underline{K}$ die Syntheseaufgabe weitgehend derjenigen bei Vorgabe des charakteristischen Polynoms im Eingrößenfall entspricht.

9.2 Invarianten

In diesem Abschnitt werden die Eigenschaften der Steuerbarkeits-Indices untersucht. Hier sei zunächst ihre Definition wiederholt:

Der Steuerbarkeitsindex μ_i eines Paares $(\underline{A},\underline{B})$ mit
$\underline{B} = [\underline{b}_1 \cdots \underline{b}_i \cdots \underline{b}_r]$ ist die kleinste ganze Zahl, so daß
$\underline{A}^{\mu_i}\underline{b}_i$ linear abhängig ist von seinen Vorgängern in $[\underline{B}, \underline{A}\,\underline{B} \ldots]$.

$$(9.2.1)$$

1) Aus dieser Definition folgt unmittelbar: Der maximale Steuerbarkeits-Index $\mu = \max_i \mu_i$ ist die kleinste ganze Zahl N für die

$$\text{Rang } [\underline{B}, \underline{A}\,\underline{B} \ldots \underline{A}^{N-1}\underline{B}] = \text{Rang } [\underline{B}, \underline{A}\,\underline{B} \ldots \underline{A}^{n-1}\underline{B}] \qquad (9.2.2)$$

Wenn $(\underline{A}, \underline{B})$ steuerbar ist, ist dieser Rang n und es ist

$$\mu_1 + \mu_2 + \ldots + \mu_r = n \qquad (9.2.3)$$

2) $n/r \leq \mu \leq n - r + 1$ $\qquad\qquad (9.2.4)$

Die untere Grenze folgt aus der erforderlichen Mindestzahl n von Spalten in $[\underline{B}, \underline{A}\,\underline{B} \ldots]$, die obere Grenze aus Rang $\underline{B} = r$.

3) Die Steuerbarkeits-Indices sind invariant unter einer Basis-Transformation im Zustandsraum

$$(\underline{A}, \underline{B}) \rightarrow (\underline{T}\,\underline{A}\,\underline{T}^{-1}, \underline{T}\,\underline{B}) \qquad (9.2.5)$$

Mit $\underline{x}^{\ast} = \underline{T}\,\underline{x}$, det $\underline{T} \neq 0$ wird nämlich

$$\underline{R} = \text{Reg } [\underline{B}, \underline{A}\,\underline{B} \ldots]$$
$$\underline{R}^{\ast} = \text{Reg } [\underline{B}^{\ast}, \underline{A}^{\ast}\underline{B}^{\ast} \ldots] = \text{Reg } \underline{T}\,[\underline{B}, \underline{A}\,\underline{B} \ldots] = \underline{T}\cdot\underline{R} \qquad (9.2.6)$$

4) Die ungeordnete Menge der Steuerbarkeits-Indices $\{\mu_1, \mu_2 \ldots \mu_r\}$ ist invariant unter einer Basis-Transformation im Raum der Eingangsvektoren

$$(\underline{A}, \underline{B}) \rightarrow (\underline{A}, \underline{B}\,\underline{M}) \qquad (9.2.7)$$

Die Eingangs-Transformation $\underline{u} = \underline{M}\,\underline{v}$, det $\underline{M} \neq 0$, verändert $\underline{R}$ in

$$\underline{R}_M = \text{Reg } [\underline{B}\,\underline{M}, \underline{A}\,\underline{B}\,\underline{M} \ldots] \qquad (9.2.8)$$

Durch $\underline{M}$ können z.B. Spalten der $\underline{B}$-Matrix vertauscht oder Linearkombinationen gebildet werden. Es bleiben aber blockweise die Rangbeziehungen erhalten, d.h.

Rang $\underline{B}\ \underline{M}$ = Rang $\underline{B}$
Rang $(\underline{B}\ \underline{M},\ \underline{A}\ \underline{B}\ \underline{M})$ = Rang $(\underline{B},\ \underline{A}\ \underline{B})$ u.s.w.

Es kann sich also durch $\underline{M}$ nur die Reihenfolge der Steuerbarkeitsindices ändern.

Beispiel:

Angenommen, wir ändern in Beispiel nach Gl. (9.1.13) die Reihenfolge der Stellgrößen von 1, 2, 3 in 2, 1, 3. Es ergibt sich

$$
\begin{array}{lllllll}
\underline{b}_2 & = [-1 & -1 & -1 & 0 & 1]' & \times \\
\underline{b}_1 & = [\ 1 & 2 & 1 & 1 & 1]' & \times \\
\underline{b}_3 & = [-2 & -1 & -1 & -1 & 1]' & \times \\
\underline{A}\,\underline{b}_2 & = [-2 & -1 & -2 & 0 & 2]' & \times \\
\underline{A}\,\underline{b}_1 & = [\ 3 & 4 & 1 & 3 & 1]' & = -2\underline{b}_2 +\underline{b}_1 -2\underline{b}_3 +2\underline{A}\,\underline{b}_2 & 0 \\
\underline{A}\,\underline{b}_3 & = [-3 & -1 & -1 & -1 & 1]' & \times
\end{array}
$$

$$\mu_2 = 2,\ \mu_1 = 1,\ \mu_3 = 2$$

Es wird also jetzt der zweiten Stellgröße anstelle der ersten ein Teilsystem zweiter Ordnung zugeordnet. Die ungeordnete Menge der Steuerbarkeitsindices $\{2,\ 2,\ 1\}$ ist unverändert.

Ergebnisse, wie die in Abschnitt 9.1 über die Steuerung können also eine andere Gestalt annehmen, wenn die Reihenfolge der Stellgrößen geändert wird. Dabei werden den zuerst betrachteten Stellgrößen die größeren Steuerbarkeits-Indices, d.h. Teilsysteme, zugeordnet. Es empfiehlt sich also, mit den Stellgrößen zu beginnen, die weniger kosten oder geringeren Beschränkungen unterworfen sind.

5) Die Steuerbarkeits-Indices sind invariant unter einer Zustandsvektor-Rückführung

$$(\underline{A}, \underline{B}) \rightarrow (\underline{A} - \underline{B}\,\underline{K}, \underline{B}) \qquad (9.2.9)$$

Um diese Eigenschaft zu beweisen, wird die Beziehung
$\underline{F}^i = (\underline{A} - \underline{B}\,\underline{K})^i$, i = 0, 1, 2 ... μ - 1 wie folgt geschrieben

$$[\underline{B}, \underline{A}\,\underline{B}...] = [\underline{B}, \underline{F}\,\underline{B}...] \cdot \begin{bmatrix} \underline{I} & \underline{0} & & & \underline{0} \\ \underline{K}\,\underline{B} & \underline{I} & \cdot & & \\ \underline{K}\,\underline{A}\,\underline{B} & \underline{K}\,\underline{B} & \cdot & \cdot & \\ \cdot & & \cdot & \cdot & \cdot & \underline{0} \\ \cdot & & & \cdot & \cdot & \\ \underline{K}\,\underline{A}^{\mu-2}\underline{B} & & & \underline{K}\,\underline{B} & \underline{I} \end{bmatrix}$$

$$(9.2.10)$$

Man kann die Matrix [$\underline{B}$, $\underline{A}\,\underline{B}$ ...] bei jeder einzelnen Spalte
abbrechen, stets hat die entsprechend abgebrochene zweite
Matrix auf der rechten Seite vollen Rang, d.h. bei der Bildung
von Reg[$\underline{B}$, $\underline{A}\,\underline{B}$ ...] und Reg[$\underline{B}$, $\underline{F}\,\underline{B}$ ...] werden die gleichen
Spalten ausgewählt und damit die gleichen Steuerbarkeits-Indi-
ces μ_1, μ_2 ... μ_r erzeugt.

Die in den Eigenschaften 3), 4) und 5) auftretenden Transformationen werden durch das Blockschaltbild 9.2 illustriert.

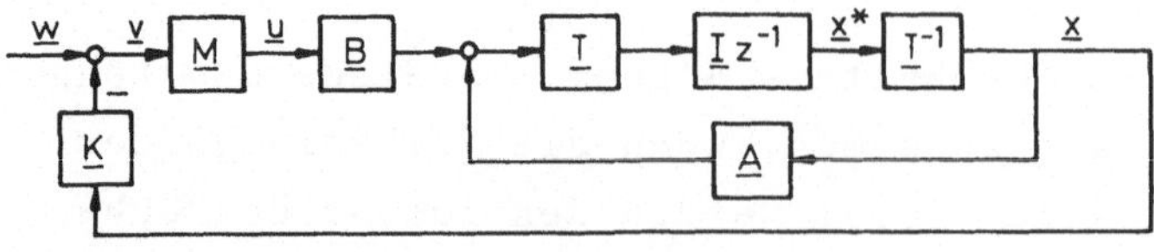

Bild 9.2 Bei beliebigem $\underline{K}$, regulärem $\underline{M}$ und $\underline{T}$ hat das System
mit Eingang $\underline{w}$ die gleichen Steuerbarkeits-Indices
wie ($\underline{A}$, $\underline{B}$) mit Eingang $\underline{u}$

Die Eigenschaft (9.2.9) ist sehr wichtig, weil sie besagt, daß
eine Regelstrecke $(\underline{A}, \underline{B})$ einer durch die ungeordnete Menge
$\{\mu_1, \mu_2 \ldots \mu_r\}$ beschriebenen Äquivalenzklasse angehört, in
der sie bei jeder Zustandsvektor-Rückführung bleibt. Im Eingrößenfall ist die Äquivalenzklasse durch die Systemordnung n
charakterisiert. Es ist also möglich und sinnvoll, Anforderun-
gen an das geregelte System in einer Form zu stellen, die auf
dieser unveränderlichen Steuerbarkeitsstruktur aufbaut. Die
Ergebnisse von 3), 4) und 5) werden zusammengefaßt und erweitert zum

6) <u>Satz von Brunovsky</u> [70.1]

Die ungeordnete Menge der Steuerbarkeits-Indices bildet ein
vollständiges System von Invarianten des Paares $(\underline{A}, \underline{B})$ unter
den Transformationen

$$
\begin{aligned}
(\underline{A}, \underline{B}) &\rightarrow (\underline{T}\,\underline{A}\,\underline{T}^{-1}, \underline{T}\,\underline{B}) \\
(\underline{A}, \underline{B}) &\rightarrow (\underline{A}, \underline{B}\,\underline{M}) \\
(\underline{A}, \underline{B}) &\rightarrow (\underline{A} - \underline{B}\,\underline{K}, \underline{B})
\end{aligned}
\qquad (9.2.11)
$$

Zu beweisen ist noch die Vollständigkeit. Diese folgt daraus,
daß allein aus der Kenntnis der $\mu_1, \mu_2 \ldots \mu_r$ eine kanonische
Form der Zustandsdarstellung angegeben werden kann, aus der
sich durch die drei Transformationen (9.2.11) jedes System
$(\underline{A}, \underline{B})$ der Äquivalenzklasse $\{\mu_1, \mu_2 \ldots \mu_r\}$ erzeugen läßt. Lediglich aus Gründen der übersichtlichen Schreibweise wird hier die
geordnete Menge der Steuerbarkeits-Indices zugrundegelegt, die
möglichen Permutationen in der Numerierung der Stellgrößen sind
offensichtlich. Die kanonische Form ist

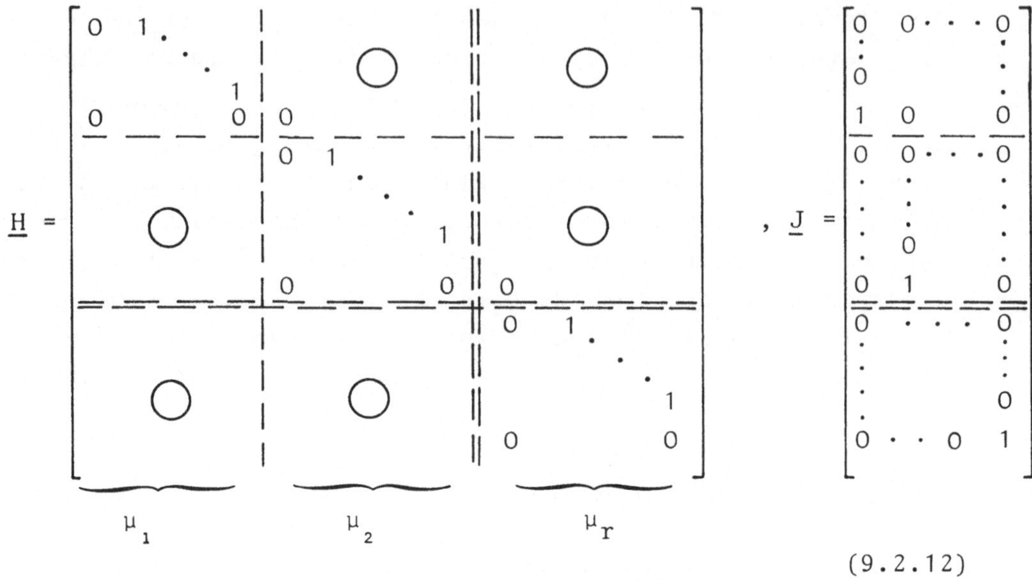

$$(9.2.12)$$

$\underline{H}$ kann als Jordan-Form interpretiert werden, in der r Jordan-Blöcke der Dimensionen μ_1, μ_2 ... μ_r, alle mit den Eigenwerten Null, auftreten. Offenbar ist das Minimalpolynom z^μ, $\mu = \max\limits_i \mu_i$, damit ist $\underline{H}$ nilpotent vom Index μ, d.h.

$$\underline{H}^\mu = \underline{0} \qquad\qquad (9.2.13)$$

$(\underline{H}, \underline{J})$ kann auch als Sonderfall aus einer der von Luenberger [67.4] angegebenen kanonischen Formen erzeugt werden. In [68.2] wurde $(\underline{H}, \underline{J})$ auf diese Weise eingeführt und zur Deadbeat-Regelung von Mehrgrößensystemen benutzt. $(\underline{H}, \underline{J})$ wird heute als Brunovsky-Form bezeichnet. Brunovsky [70.13] hat die invarianten Eigenschaften dieser Form gezeigt, die sich auch so ausdrücken lassen: Das Paar $(\underline{H}_1, \underline{J}_1)$ kann nicht durch die drei Transformationen (9.2.11) auf ein Paar $(\underline{H}_2, \underline{J}_2)$ mit einer anderen ungeordneten Menge von Dimensionen μ_i der Teilsysteme transformiert werden.

Das Paar $(\underline{A}, \underline{B})$ habe die Steuerbarkeits-Indices μ_1 ... μ_r, die charakteristische Matrix $\underline{L}_{AD}$ nach Gl. (9.1.48) und die Eingangs-Normierungs-Matrix $\underline{M}_{AB}$ nach Gl. (9.1.27). Dann existiert eine Transformationsmatrix $\underline{T}_{AB}$, so daß

$$\underline{A} = \underline{T}_{AB}^{-1}(\underline{H} - \underline{J}\,\underline{L}_{AD})\underline{T}_{AB}$$

$$\underline{B} = \underline{T}_{AB}^{-1}\underline{J}\,\underline{M}_{AB}^{-1} \qquad\qquad (9.2.14)$$

Bild 9.3 illustriert das ursprüngliche System ($\underline{A}$, $\underline{B}$) und seine kanonische Darstellung gemäß Gl. (9.2.14).

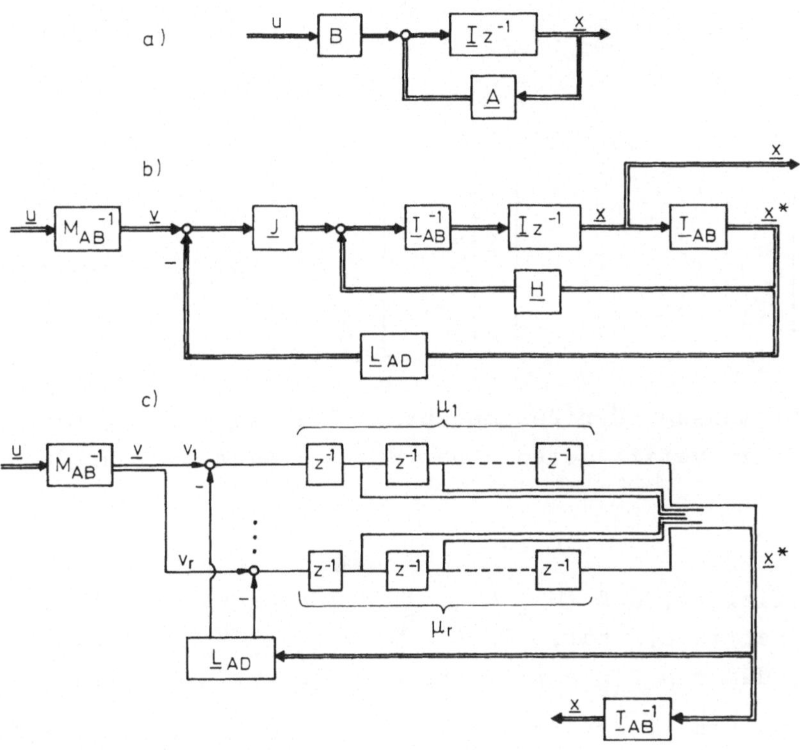

Bild 9.3 a) Regelstrecke

b) kanonische Darstellung

c) detaillierte Auflösung von $\underline{H}$, $\underline{J}$ und
$\underline{I}z^{-1} = \underline{T}_{AB}\underline{I}z^{-1}\underline{T}_{AB}^{-1}$.

Die Transformationsmatrix $\underline{T}_{AB}$ wird für gegebenes ($\underline{A}$, $\underline{B}$) wie folgt konstruiert [66.2]: Der reguläre Teil der Steuerbarkeitsmatrix

$$\underline{R}: = [\underline{b}_1, \underline{A}\underline{b}_1 \ldots \underline{A}^{\mu_1-1}\underline{b}_1 \;\vdots\; \underline{b}_2 \ldots \;\vdots\vdots\; \ldots \underline{A}^{\mu_r-1}\underline{b}_r]$$

wird invertiert

$$\underline{R}^{-1} = \begin{bmatrix} \underline{S}_1 \\ \vdots \\ \underline{S}_r \end{bmatrix} \qquad (9.2.15)$$

Die letzte Zeile der $\mu_i \times n$ - Matrix $\underline{S}_i$ sei

$$\underline{e}_i' := [0 \ldots 0 \quad 1] \, \underline{S}_i \qquad (9.2.16)$$

Dann ist

$$\underline{T}_{AB} = \begin{bmatrix} \underline{T}_1 \\ \vdots \\ \underline{T}_r \end{bmatrix} \qquad \underline{T}_i = \begin{bmatrix} \underline{e}_i' \\ \underline{e}_i' \underline{A} \\ \vdots \\ \underline{e}_i' \underline{A}^{\mu_i - 1} \end{bmatrix} \qquad (9.2.17)$$

Es ist recht mühsam, den Zusammenhang (9.2.14) mit $\underline{T}_{AB}$ nach Gl. (9.2.17) zu verifizieren. Der Weg sei hier nur angedeutet:

1. Man verifiziert, daß $(\underline{H}-\underline{J}\,\underline{L}_{AD},\,\underline{J})$ die gleiche charakteristische Matrix $\underline{L}_{AD}$ hat, wie $(\underline{A},\,\underline{D}) = (\underline{A},\,\underline{B}\,\underline{M}_{AB})$. Damit ist gezeigt, daß ein $\underline{T}_{AB}$ existiert, das Gl. (9.2.14) erfüllt.

2. Den Aufbau von $\underline{T}_i$ erhält man aus $\underline{T}_{AB}\underline{A} = (\underline{H}-\underline{J}\,\underline{L}_{AD})\underline{T}_{AB}$, wobei nur die $\underline{T}_i$ entsprechenden Zeilen benutzt werden.

3. $\underline{e}_i'$ erhält man aus $\underline{T}_{AB}\underline{R} = \underline{R}_c$, wobei $\underline{R}_c$ entsprechend wie $\underline{R}$ aus $(\underline{H}-\underline{J}\,\underline{L}_{AD},\,\underline{J})$ gebildet wird. Die $\underline{e}_i'$ sind dann aus $\underline{T}_{AB} = \underline{R}_c\underline{R}^{-1}$ abzulesen.

Beispiel:

Im Beispiel (9.1.13) ist

$$\underline{R} = [\underline{b}_1, \, \underline{A}\,\underline{b}_1, \, \underline{b}_2, \, \underline{b}_3, \, \underline{A}\,\underline{b}_3]$$

$$\begin{bmatrix} \underline{e}'_1 \\ \underline{e}'_2 \\ \underline{e}'_3 \end{bmatrix} = \begin{bmatrix} 0 & 1 & 0 & 0 & 0 \\ 0 & 0 & 1 & 0 & 0 \\ 0 & 0 & 0 & 0 & 1 \end{bmatrix} \underline{R}^{-1} = \begin{bmatrix} 0 & 0,5 & -0,75 & 0 & -0,25 \\ 0 & -1 & 0,5 & 1 & 0,5 \\ -1 & 0 & 0,5 & 1 & -0,5 \end{bmatrix}$$

$$\underline{T}_{AB} = \begin{bmatrix} \underline{e}'_1 \\ \underline{e}'_1\underline{A} \\ \underline{e}'_2 \\ \underline{e}'_3 \\ \underline{e}'_3\underline{A} \end{bmatrix} = \begin{bmatrix} 0 & 0,5 & -0,75 & 0 & -0,25 \\ 0,5 & 0 & -0,25 & 0 & 0,75 \\ 0 & -1 & 0,5 & 1 & 0,5 \\ -1 & 0 & 0,5 & 1 & -0,5 \\ -2 & 0 & 1,5 & 1 & -0,5 \end{bmatrix} \qquad (9.2.18)$$

$$\underline{T}_{AB}\underline{A}\ \underline{T}_{AB}^{-1} = \left[\begin{array}{cc|c|cc} 0 & 1 & 0 & 0 & 0 \\ -1 & 2 & 0 & 0,5 & -0,5 \\ \hline 0 & 0 & 1 & 0 & 0 \\ \hline 0 & 0 & 0 & 0 & 1 \\ 2 & -2 & 1 & -3 & 3 \end{array}\right] \quad , \quad \underline{T}_{AB}\underline{B} = \left[\begin{array}{ccc} 0 & 0 & 0 \\ 1 & 0,5 & 0 \\ \hline 0 & 1 & 0 \\ \hline 0 & 0 & 0 \\ 0 & 0 & 1 \end{array}\right]$$

Mit

$$\underline{H} = \left[\begin{array}{cc|c|cc} 0 & 1 & 0 & 0 & 0 \\ 0 & 0 & 0 & 0 & 0 \\ \hline 0 & 0 & 0 & 0 & 0 \\ \hline 0 & 0 & 0 & 0 & 1 \\ 0 & 0 & 0 & 0 & 0 \end{array}\right] \quad , \quad \underline{J} = \left[\begin{array}{ccc} 0 & 0 & 0 \\ 1 & 0 & 0 \\ \hline 0 & 1 & 0 \\ \hline 0 & 0 & 0 \\ 0 & 0 & 1 \end{array}\right]$$

wird Gl. (9.2.14)

$$\underline{T}_{AB}\underline{A}\ \underline{T}_{AB}^{-1} = \underline{H} - \underline{J}\ \underline{L}_{AD}$$

$\underline{L}_{AD}$ ist aus den Zeilen 2, 3 und 5 von $\underline{T}_{AB}\underline{A}\ \underline{T}_{AB}^{-1}$ abzulesen

$$\underline{L}_{AD} = \begin{bmatrix} 1 & -2 & 0 & -0,5 & 0,5 \\ 0 & 0 & -1 & 0 & 0 \\ -2 & 2 & -1 & 3 & -3 \end{bmatrix}$$

und stimmt mit Gl. (9.1.49) überein

Aus Gl. (9.2.14) folgt ferner $\underline{T}_{AB}\underline{P} = \underline{J}\,\underline{M}_{AB}^{-1}$, hier also

$$\underline{M}_{AB}^{-1} = \begin{bmatrix} 1 & 0,5 & 0 \\ 0 & 1 & 0 \\ 0 & 0 & 1 \end{bmatrix} \quad , \ \underline{M}_{AB} = \begin{bmatrix} 1 & -0,5 & 0 \\ 0 & 1 & 0 \\ 0 & 0 & 1 \end{bmatrix}$$

in Übereinstimmung mit Gl. (9.1.28).

Es ist zu beachten, daß $\underline{L}_{AD}$ in diesem Beispiel sowohl strukturelle Nullen enthält als auch charakteristische Parameter, die den Zahlenwert Null haben. Für das allgemeine System mit $\mu_1 = 2$, $\mu_2 = 1$, $\mu_3 = 2$ ist nach Gl. (9.1.46) und (9.1.48)

$$\underline{L}_{AD} = \begin{bmatrix} \alpha_{110} & \alpha_{111} & \alpha_{210} & \alpha_{310} & \alpha_{311} \\ \alpha_{120} & 0 & \alpha_{220} & \alpha_{320} & 0 \\ \alpha_{130} & \alpha_{131} & \alpha_{230} & \alpha_{330} & \alpha_{331} \end{bmatrix}$$

Damit wird

$$\underline{H} - \underline{J}\,\underline{L}_{AD} = \left[\begin{array}{cc|c|cc} 0 & 1 & 0 & 0 & 0 \\ -\alpha_{110} & -\alpha_{111} & -\alpha_{210} & -\alpha_{310} & -\alpha_{311} \\ \hline -\alpha_{120} & 0 & -\alpha_{220} & -\alpha_{320} & 0 \\ \hline 0 & 0 & 0 & 0 & 1 \\ -\alpha_{130} & -\alpha_{131} & -\alpha_{230} & -\alpha_{330} & -\alpha_{331} \end{array}\right]$$

$$(9.2.19)$$

$\underline{M}_{AB}$ hat nach Gl. (9.1.27) und (9.1.23) die Struktur

$$\underline{M}_{AB} = \begin{bmatrix} 1 & \beta_{21} & 0 \\ 0 & 1 & 0 \\ 0 & 0 & 1 \end{bmatrix}$$

Die Transformation (9.1.17) wurde von Luenberger [66.2] als eine von mehreren Transformationen in kanonische Formen angegeben. Dabei wurden die durch die Struktur vorgegebenen Nullen in $\underline{L}_{AD}$ nicht sichtbar, sondern ergaben sich nur rechnerisch. Die besondere Bedeutung dieser speziellen Transformation ergab sich erst aus dem Satz von Brunovsky und dem folgenden

7) <u>Invariantensatz von Popov</u> [72.4]

a) Die Steuerbarkeits-Indices μ_i, die α- und die β-Parameter in Gl. (9.1.31) bilden einen vollständigen Satz von unabhängigen Invarianten unter allen Transformationen

$$(\underline{A}, \ \underline{B}) \rightarrow (\underline{T} \ \underline{A} \ \underline{T}^{-1}, \ \underline{T} \ \underline{B}), \ \det \underline{T} \neq 0 \qquad (9.2.20)$$

Die Invarianz folgt unmittelbar aus Gl. (9.1.33). Die Multiplikation dieser Beziehung von links mit $\underline{T}$ ändert nichts an den linearen Abhängigkeiten der Spalten der Steuerbarkeitsmatrix. Da $\underline{L}_{AD}$ aus den α-Parametern und $\underline{M}_{AB}$ aus den β-Parametern gebildet wurde, sind auch diese Matrizen invariant. Zusammen mit den Steuerbarkeits-Indices, die $\underline{H}$ und $\underline{J}$ definieren, ist damit eine Darstellung des Paares $(\underline{A}, \ \underline{B})$ gemäß Gl. (9.2.14) möglich, d.h. die Invarianten sind vollständig. Ihre Unabhängigkeit ergibt sich aus dem Bildungsgesetz.

b) Die Steuerbarkeitsindices μ_i und die β-Parameter bilden einen vollständigen Satz von unabhängigen Invarianten unter allen Transformationen

$$(\underline{A}, \ \underline{B}) \rightarrow (\underline{T}(\underline{A} - \underline{B} \ \underline{K})\underline{T}^{-1}, \ \underline{T} \ \underline{B}), \ \det \underline{T} \neq 0 \qquad (9.2.21)$$

In Bild 9.3.c ist ersichtlich, daß $\underline{L}_{AD}$, d.h. die α-Parameter, durch eine Zustandsvektor-Rückführung $\underline{u} = -\underline{K} \ \underline{x}$ beliebig geän-

dert werden können in $\underline{L}_{AD} + \underline{M}_{AB}{}^{-1}\underline{KT}_{AB}{}^{-1}$, so daß im Vergleich mit
Teil a) die α-Parameter als Invarianten entfallen. Greift die
Führungsgröße $\underline{w}$ zusammen mit $\underline{u}$ an, so hat das System
$\underline{x}[k+1] = (\underline{A} - \underline{B}\,\underline{K})\underline{x}[k] + \underline{B}\,\underline{w}[k]$ offensichtlich die gleiche
Eingangs-Normierungs-Matrix $\underline{M}_{AB}$ bzw. $\underline{M}_{AB}{}^{-1}$ wie $(\underline{A}, \underline{B})$. Die
β-Parameter in $\underline{M}_{AB}$ können nur durch ein Vorfilter verändert
werden.

9.3 Zustandsvektor-Rückführung

9.3.1 Polvorgabe mit Rang-Eins-Rückführung

Im Fall des steuerbaren Eingrößen-Systems $(\underline{A}, \underline{b})$ war die Zustandsvektor-Rückführung $u = -\underline{k}'\underline{x}$ bereits durch Vorgabe des charakteristischen Polynoms eindeutig festgelegt. Beim steuerbaren Mehrgrö-
ßensystem $(\underline{A}, \underline{B})$ gibt es zusätzliche Freiheitsgrade des Entwurfs
einer Zustandsvektor-Rückführung

$$\underline{u} = -\underline{K}\,\underline{x} \qquad\qquad (9.3.1)$$

Eine einfache Möglichkeit besteht darin, diese zusätzlichen Freiheitsgrade zu verschenken und sich mit Polvorgabe zu begnügen.
Bei zyklischer $\underline{A}$-Matrix ist fast jedes Paar $(\underline{A}, \underline{b}) = (\underline{A}, \underline{B}\,\underline{\gamma})$
mit beliebig gewähltem $\underline{\gamma}$ steuerbar. Man kann also den Stellgrö-
ßenvektor $\underline{u}$ aus linear abhängigen Elementen

$$\underline{u}[k] = \underline{\gamma} \cdot v[k] \qquad\qquad (9.3.2)$$

bilden und nur die skalare Eingangsgröße $v[k]$ zur Polvorgabe verwenden, Bild 9.4.

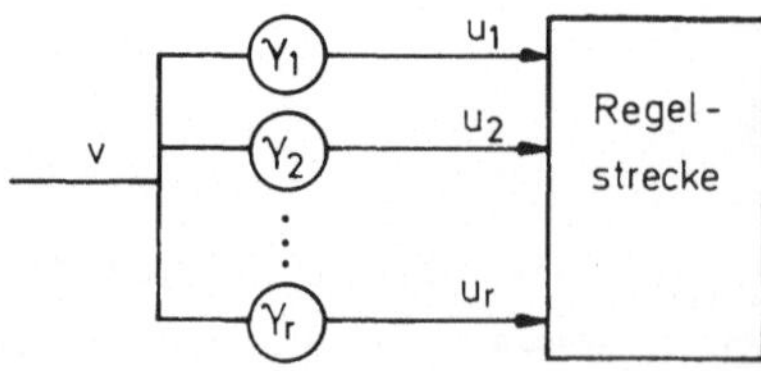

Bild 9.4 Linear abhängige Stellgrößen

Dieser Ansatz wurde in [64.12] gemacht. Ist die Voraussetzung "$\underline{A}$ zyklisch" nicht erfüllt, so kann vorab eine beliebige Rückführung (9.3.1) verwendet werden. Fast jede solche Rückführung macht $\underline{A} - \underline{B}\,\underline{K}$ zyklisch.

Der Ansatz (9.3.2) hat jedoch Nachteile, z.B. haben alle Stellgrößen $u_1 \dots u_r$ zum gleichen Zeitpunkt ihre maximale Amplitude, dies ist von der Gesamt-Stell-Leistung her nicht wünschenswert und von der Dynamik der Regelstrecke her eine nicht sinnvolle Forderung. Auch die deadbeat-Lösung zeigt einen Nachteil des Ansatzes (9.3.2): Die Lösung erfordert n Abtastintervalle, wir wissen aber aus Gl. (9.1.18), daß das System bereits in µ Abtastintervallen in den Nullzustand gesteuert werden kann.

9.3.2 Zeitoptimale Regelung

Die deadbeat-Regelung in µ Intervallen mit möglichst schnell gegen Null gehenden Einzel-Stellfolgen wurde in [68.2] auf dem Wege über die Transformation in die Brunovsky-Form (9.2.12) hergeleitet. Der Grundgedanke kann anhand von Bild 9.3.c dargestellt werden. Die darin enthaltenen inneren Rückführungen $\underline{L}_{AD}$ können durch eine äußere Rückführung mit

$$\underline{u} = -\underline{K}_0\underline{x} + \underline{u}^{\ast} \quad , \quad \underline{K}_0 = -\underline{M}_{AB}\,\underline{L}_{AD}\,\underline{T}_{AB} \qquad (9.3.3)$$

kompensiert werden. Übrig bleiben r entkoppelte Teilsysteme gemäß Bild 9.5. Das Teilsystem i wird in $µ_i$ Schritten in den Nullzustand überführt. Die Eingangs-Transformation $\underline{M}_{AB}^{-1}$ kann durch ein Steuerglied $\underline{u}^{\ast} = \underline{M}_{AB}\,\underline{v}^{\ast}$ im Eingang aufgehoben werden.

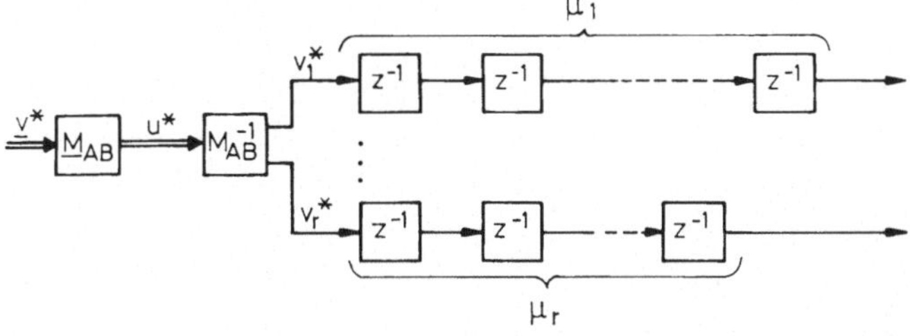

Bild 9.5 Struktur der zeitoptimalen Regelung

Durch die Beseitigung aller Rückführungen ist jede Zustandsgröße nur noch von einer Eingangsgröße v_i^* aus steuerbar. Die steuerbaren Teilsysteme überlappen sich nicht mehr.

Mit Hilfe der Gln. (9.2.14) und (9.3.3) können wir schreiben

$$\underline{x}[k+1] = (\underline{A} - \underline{B}\,\underline{K}_0)\underline{x}[k] + \underline{B}\,\underline{u}^*[k] \qquad (9.3.4)$$

$$\underline{A} - \underline{B}\,\underline{K}_0 = \underline{T}_{AB}^{-1}(\underline{H} - \underline{J}\,\underline{L}_{AD})\underline{T}_{AB} + \underline{T}_{AB}^{-1}\underline{J}\,\underline{M}_{AB}^{-1}\underline{M}_{AB}\,\underline{L}_{AD}\,\underline{T}_{AB}$$

$$= \underline{T}_{AB}^{-1}\,\underline{H}\,\underline{T}_{AB}$$

$$\underline{B} = \underline{T}_{AB}^{-1}\underline{J}\,\underline{M}_{AB}^{-1}$$

Die Berechnung des Produkts $\underline{L}_{AD}\,\underline{T}_{AB}$ in Gl. (9.3.3) kann wie folgt vereinfacht werden: Gl. (9.2.14) wird geschrieben

$$\underline{T}_{AB}\,\underline{A} = (\underline{H} - \underline{J}\,\underline{L}_{AD})\,\underline{T}_{AB}$$

Von jedem Zeilenblock $\underline{T}_i$ von $\underline{T}_{AB}$, siehe Gl. (9.2.17) wird nur die letzte Zeile berücksichtigt. Die entsprechenden Zeilen von $\underline{H}$ sind Null, in $\underline{J}$ sind dies dagegen die Zeilen, die die Einheitsmatrix ergeben. Also ist

$$\begin{bmatrix} \underline{e}_1'\,\underline{A}^{\mu_1-1} \\ \vdots \\ \underline{e}_r'\,\underline{A}^{\mu_r-1} \end{bmatrix}\underline{A} = -\underline{L}_{AD}\,\underline{T}_{AB}$$

$$\underline{L}_{AD}\,\underline{T}_{AB} = -\begin{bmatrix} \underline{e}_1'\underline{A}^{\mu_1} \\ \vdots \\ \underline{e}_r'\underline{A}^{\mu_r} \end{bmatrix} \qquad (9.3.5)$$

Das zeitoptimale Regelgesetz hat nach Gl. (9.3.3) und (9.3.5) die Rückführmatrix

$$\underline{K}_0 = \underline{M}_{AB} \begin{bmatrix} \underline{e}'_1 \underline{A}^{\mu_1} \\ \vdots \\ \underline{e}'_r \underline{A}^{\mu_r} \end{bmatrix} \qquad\qquad (9.3.6)$$

Bemerkenswert ist, daß zur Bestimmung von $\underline{K}_0$ weder $\underline{L}_{AB}$ noch $\underline{T}_{AB}^{-1}$ ausgerechnet werden müssen.

Beispiel:

Für das System von Gl. (9.1.13) hatten wir bereits in Gl. (9.2.18) $\underline{e}'_i \underline{A}^{\mu_i - 1}$, i = 1, 2, 3, ausgerechnet. Durch Multiplikation mit $\underline{A}$ und Einsetzen von $\underline{M}_{AB}$ erhält man

$$\underline{K}_0 = \begin{bmatrix} 1 & -0,5 & 0 \\ 0 & 1 & 0 \\ 0 & 0 & 1 \end{bmatrix} \cdot \begin{bmatrix} 1,5 & -0,5 & -0,25 & 0 & 1,75 \\ 0 & -1 & 0,5 & 1 & 0,5 \\ -4 & 0 & 2,5 & 1 & -1,5 \end{bmatrix}$$

$$\underline{K}_0 = \begin{bmatrix} 1,5 & 0 & -0,5 & -0,5 & 1,5 \\ 0 & -1 & 0,5 & 1 & 0,5 \\ -4 & 0 & 2,5 & 1 & -1,5 \end{bmatrix}$$

Kontrolle:

$$\underline{x}[0] = \begin{bmatrix} a \\ b \\ c \\ d \\ e \end{bmatrix} \qquad \underline{u}[0] = \begin{bmatrix} -1,5a + 0,5c + 0,5d - 1,5e \\ b - 0,5c - d - 0,5e \\ 4a - 2,5c - d + 1,5e \end{bmatrix}$$

$$\underline{x}[1] = \begin{bmatrix} -8,5a+6c+3,5d-4e \\ -7a+5c+3d-3e \\ -6,5a+4,5c+2,5d-3,5e \\ -5,5a+4c+2,5d-2e \\ 3,5a-2,5-1,5d+1,5e \end{bmatrix} \qquad \underline{u}[1] = \begin{bmatrix} 1,5a-c-0,5d+e \\ 0 \\ -7a+5c+3d-3e \end{bmatrix}$$

$$\underline{x}[2] = \underline{0} \qquad\qquad \underline{u}[2] = \underline{0}$$

Diese Kontrolle über die Ausrechnung der Lösung zeigt, daß tatsächlich $u_2[1] = 0$ für alle Anfangszustände, d.h. die einzelnen Stellgrößen gehen schnellstmöglich nach Null. Eine andere mögliche Kontrolle ergibt $(\underline{A} - \underline{B}\,\underline{K})^2 = \underline{0}$, d.h. die Dynamik-Matrix des geschlossenen Kreises ist nilpotent vom Index zwei und das Minimalpolynom ist z^2. Damit wird jedoch nur

$$\underline{x}[2] = (\underline{A} - \underline{B}\,\underline{K})^2 = \underline{0} \text{ gezeigt, nicht aber } u_2[1] = 0.$$

9.3.3 Vorgabe einer charakteristischen Matrix

Man kann sich jede Zustandsvektor-Rückführung $\underline{K}$ zusammengesetzt denken aus

$$\underline{K} = \underline{K}_0 + \underline{K}_1 \qquad\qquad (9.3.7)$$

wobei $\underline{K}_0$ nach Gl. (9.3.6) bestimmt wird und das System in nicht überlappende Teilsysteme der Ordnungen $\mu_1 \ldots \mu_r$ zerlegt. Durch

$$\underline{u}^{*} = -\underline{K}_1\underline{x} \qquad\qquad (9.3.8)$$

kann dem System (9.3.4)

$$\underline{x}[k+1] = (\underline{A} - \underline{B}\,\underline{K}_0)\underline{x}[k] + \underline{B}\,\underline{u}^{*}[k]$$

$$= \underline{T}_{AB}^{-1}\underline{H}\,\underline{T}_{AB}\,\underline{x}[k] + \underline{T}_{AB}^{-1}\underline{J}\,\underline{M}_{AB}^{-1}\underline{u}^{*}[k] \qquad (9.3.9)$$

eine neue Dynamik gegeben werden.

$$\underline{x}[k+1] = \underline{T}_{AB}^{-1}(\underline{H} - \underline{J}\,\underline{M}_{AB}^{-1}\underline{K}_1\underline{T}_{AB}^{-1})\underline{T}_{AB}\,\underline{x}[k] = \underline{F}\,\underline{x}[k] \qquad (9.3.10)$$

Der Vergleich mit Gl. (9.2.14) zeigt, daß

$$\underline{L}_{FD} = \underline{M}_{AB}^{-1}\underline{K}_1\underline{T}_{AB}^{-1} \qquad\qquad (9.3.11)$$

dann die neue charakteristische Matrix des Paares

$$(\underline{F}, \underline{D}) = (\underline{A} - \underline{B}\,\underline{K},\ \underline{B}\,\underline{M}_{AB}) \tag{9.3.12}$$

ist. Damit können die gewünschten Eigenschaften des geschlossenen Kreises in Form der charakteristischen Matrix $\underline{L}_{FD}$ vorgegeben werden, bzw. nach Gl. (9.1.48) der entsprechenden charakteristischen Polynommatrix

$$\underline{V}_{FD}(z) = \underline{L}_{FD} \cdot
\begin{bmatrix}
\underline{z}_{\mu_1} & & 0 \\
 & \ddots & \\
0 & & \underline{z}_{\mu_r}
\end{bmatrix}
+
\begin{bmatrix}
z^{\mu_1} & & 0 \\
 & \ddots & \\
0 & & z^{\mu_r}
\end{bmatrix} \tag{9.3.13}$$

Das charakteristische Polynom des geschlossenen Kreises ist

$$P(z) = \det \underline{V}_{FD}(z) \tag{9.3.14}$$

Polvorgabe ist also lediglich die Festlegung der Determinante der charakteristischen Polynom-Matrix, ihre Elemente können dabei noch im Rahmen der durch die μ_i gegebenen Struktur verändert werden. Die Polynommatrizen $\underline{V}_{FD}(z)$ mit der Determinante $P(z)$ parametrisieren die Lösungsvielfalt aller Rückführungen, die dem geschlossenen Kreis das charakteristische Polynom $P(z)$ geben.

Die Dynamik-Matrix des geschlossenen Systems ist der Matrix $\underline{H} - \underline{J}\,\underline{L}_{FD}$ ähnlich, es ist

$$\underline{F} = \underline{A} - \underline{B}\,\underline{K} = \underline{T}_{AB}^{-1}(\underline{H} - \underline{J}\,\underline{L}_{FD})\underline{T}_{AB} \tag{9.3.15}$$

An der Gestalt von $\underline{H}$ und $\underline{J}$ nach Gl. (9.2.12) ist ersichtlich, welche Gestalt $\underline{H} - \underline{J}\,\underline{L}_{FD}$ erhalten kann. Die Null-Zeilen der $\underline{H}$-Matrix werden mit den Zeilen von $\underline{L}_{FD}$ aufgefüllt. Einige Möglichkeiten sollen im folgenden diskutiert werden:

1) $\underline{L}_{FD}$ wird als Diagonalmatrix angesetzt, damit ist $P(z)$ das Produkt der Diagonalelemente

154

$$P(z) = \det \underline{V}_{FD}(z) = \begin{vmatrix} P_{11}(z) & & O \\ & \ddots & \\ O & & P_{rr}(z) \end{vmatrix} = P_{11}(z) \cdot P_{22}(z) \ldots P_{rr}(z)$$

$$(9.3.16)$$

Damit werden in Bild 9.5 nur innerhalb jeder Kette von μ_i Speichergliedern Rückführungen eingeführt, die kurze Verkettung bleibt erhalten, jede Zustandsgröße ist nur von einer normierten Eingangsgröße v_i^* aus steuerbar.

2) Ein Spezialfall von 1) ist die Vorgabe eines Minimalpolynoms vom Grade μ. Dabei werden μ Eigenwerte $\{z_1 \ldots z_\mu\}$ vorgegeben und daraus das größte Polynom vom Grade μ gebildet, die anderen Polynome $P_{ii}(z)$ in Gl. (9.3.16) werden so gebildet, daß sie nur Nullstellen aus $\{z_1 \ldots z_\mu\}$ haben. Gleiche Eigenwerte, die in verschiedenen $P_{ii}(z)$ auftreten, können dann offenbar nicht dem gleichen Jordan-Block angehören, treten also im Minimalpolynom nur einfach auf.

3) Die einfache faktorisierte Form des charakteristischen Polynoms nach Gl. (9.3.16) bleibt auch erhalten, wenn $\underline{L}_{FD}$ als obere oder untere Dreiecksmatrix angesetzt wird, d.h. wenn die Ketten in Bild 9.5 nur in einer Richtung, z.B. von oben nach unten, verkoppelt werden, nicht aber über Kreuz.

Bei den Lösungen 1, 2 und 3 ist Grad $P_{ii}(z) = \mu_i$, bei zwei ungeraden μ_i können also z.B. nicht nur komplexe Eigenwerte vorgegeben werden, es müssen zwei reelle dabei sein, die sich auf die beiden reellen Teilpolynome aufteilen lassen. Wenn diese Einschränkung nicht zulässig ist, müssen die Ketten über Kreuz verkoppelt werden. Dabei geht der einfache Zusammenhang mit P(z) nach Gl. (9.3.16) jedoch verloren.

4) Eine besonders ungeschickte Lösung ist es, mit $r - 1$ Rückführungen jeweils nur das Ende einer Kette an den Anfang der vorhergehenden Kette anzuschließen, d.h. in $\underline{H}$ nach Gl. (9.2.12) einen großen Jordan-Block der Dimension m zu erzeugen durch Ergänzen der fehlenden Einsen in der Überdiagonalen. Damit

wird das gesamte System von $v_r^{\ast}$ aus steuerbar und durch Einfügen der letzten Zeile kann eine große Frobenius-Matrix mit beliebig vorgebbarem charakteristischem Polynom erzeugt werden. Die Nachteile solcher Rang-Eins-Lösungen wurden bereits in Abschnitt 9.3.1 diskutiert.

5) Von der Dynamik des Regelkreises her ist die zeitoptimale Lösung $\underline{K} = \underline{K}_0$ am vorteilhaftesten. Sie erfordert jedoch oft zu große Verstärkungen und Stellamplituden. Wir betrachten einmal die Vorgabe eines unveränderten charakteristischen Polynoms $P(z) = P_A(z)$. Vorgabe dieses $P(z)$ nach einem der Verfahren 1 bis 4 kann zu großen nutzlosen Stellausschlägen führen, die gerade so gegeneinander arbeiten, daß die Eigenwerte nicht verändert werden. Dagegen würde $\underline{K} = \underline{0}$ überhaupt keine Stellausschläge erfordern. Nach den Gln. (9.3.11) und (9.3.3) ist

$$\underline{K} = \underline{K}_0 + \underline{K}_1 = \underline{M}_{AB}(\underline{L}_{FD} - \underline{L}_{AD})\underline{T}_{AB} \qquad (9.3.17)$$

Allgemein bleibt $\underline{K}$ also klein, wenn $\underline{L}_{FD}$ gegenüber $\underline{L}_{AD}$ nur möglichst wenig abgeändert wird, so daß aber das gewünschte charakteristische Polynom (9.3.14) entsteht.

Hat man sich für $\underline{L}_{FD}$ z.B. nach einer der Vorgehensweisen 1 bis 5 entschieden, so kann die Ausrechnung von $\underline{K}$ nach Gl. (9.3.17) auch folgendermaßen abgewandelt werden: Mit Gl. (9.3.6) und (9.2.17) ist

$$\underline{K} = \underline{M}_{AB} \cdot \left(\underline{L}_{FD} \begin{bmatrix} \underline{T}_1 \\ \vdots \\ \underline{T}_r \end{bmatrix} + \begin{bmatrix} \underline{e}_1'\underline{A}^{\mu_1} \\ \vdots \\ \underline{e}_r'\underline{A}^{\mu_r} \end{bmatrix} \right) , \quad \underline{T}_i = \begin{bmatrix} \underline{e}_i' \\ \underline{e}_i'\underline{A} \\ \vdots \\ \underline{e}_i'\underline{A}^{\mu_i-1} \end{bmatrix} \qquad (9.3.18)$$

Es muß also bei der Berechnung der $\underline{T}_i$ jeweils eine weitere Zeile $\underline{e}_i'\underline{A}^{\mu_i}$ berechnet werden. Zur Schreibvereinfachung können diese Zeilen in $\underline{L}_{FD}\underline{T}_{AB}$ eingebaut werden. Es sei

$$\underline{E} = \begin{bmatrix} \underline{E}_1 \\ \vdots \\ \underline{E}_r \end{bmatrix} \quad , \quad \underline{E}_i = \begin{bmatrix} \underline{e}'_i \\ \underline{e}'_i\underline{A} \\ \vdots \\ \underline{e}'_i\underline{A}^{\mu_i} \end{bmatrix} = \begin{bmatrix} \underline{T}_i \\ \\ \underline{e}'_i\underline{A}^{\mu_i} \end{bmatrix} \tag{9.3.19}$$

In $\underline{L}_{FD}$ werden an passender Stelle die Spalten einer Einheitsmatrix eingefügt. $\underline{L}_{FD}$ ist völlig analog aufgebaut wie $\underline{L}_{AD}$ nach Gln. (9.1.46) und (9.1.48). Bezeichnet man die Elemente von $\underline{L}_{FD}$ mit γ anstelle von α in $\underline{L}_{AD}$, so wird also die folgende Matrix gebildet

$$\underline{Q} = \begin{bmatrix} \underline{\gamma}'_{11} & 1 & \vline & \underline{\gamma}'_{21} & 0 & \vline & & \vline & \underline{\gamma}'_{r1} & 0 \\ \underline{\gamma}'_{12} & 0 & \vline & \underline{\gamma}'_{22} & 1 & \vline & \cdots & \vline & \underline{\gamma}'_{r2} & \vdots \\ \vdots & \vdots & \vline & \vdots & \vdots & \vline & & \vline & \vdots & 0 \\ \underline{\gamma}'_{1r} & 0 & \vline & \underline{\gamma}'_{2r} & 0 & \vline & & \vline & \underline{\gamma}'_{rr} & 1 \end{bmatrix} \tag{9.3.20}$$

Damit ist

$$\underline{K} = \underline{M}_{AB}\underline{Q}\,\underline{E} \tag{9.3.21}$$

Im Eingrößenfall geht diese Beziehung über in die Polvorgabe-Gleichung (2.6.25)

$$\underline{k}' = [\underline{p}' \quad 1]\underline{E} \tag{9.3.22}$$

Mit Hilfe der Matrix $\underline{Q}$ kann auch die charakteristische Polynommatrix (9.1.48) einfacher geschrieben werden als

$$\underline{V}_{FD}(z) = \underline{Q}\cdot\begin{bmatrix} \underline{z}_{\mu_1+1} & & 0 \\ & \ddots & \\ 0 & & \underline{z}_{\mu_r+1} \end{bmatrix} \quad , \quad \underline{z}_N = \begin{bmatrix} 1 \\ z \\ \vdots \\ z^N \end{bmatrix} \tag{9.3.23}$$

Das charakteristische Polynom von $\underline{F} = \underline{A} - \underline{B}\,\underline{K}$ ist

$$P(z) = \det \underline{V}_{FD}(z) \qquad (9.3.24)$$

Die nötigen Schritte zur Vorgabe einer charakteristischen Polynom-Matrix $\underline{V}_{FD}(z)$ werden im folgenden rezeptartig zusammengefaßt:

1. Aus $(\underline{A}, \underline{B})$ wird $[\underline{B}, \underline{A}\,\underline{B}, \underline{A}^2\underline{B} \ldots]$ gebildet. Daraus werden die ersten n linear unabhängigen Spalten herausgesucht und zusammengestellt zu

$$\underline{R} = [\underline{b}_1, \underline{A}\,\underline{b}_1 \ldots \underline{A}^{\mu_1-1}\underline{b}_1 \;\vdots\; \underline{b}_2 \ldots \vdots\vdots \ldots \underline{A}^{\mu_r-1}\underline{b}_r] \qquad (9.3.25)$$

2. Es sei

$$\underline{R}^{-1} = \begin{bmatrix} \underline{S}_1 \\ \vdots \\ \underline{S}_r \end{bmatrix} \qquad (9.3.26)$$

Es wird für $i = 1 \ldots r$ die letzte Zeile $\underline{e}_i'$ der $\mu_i \times n$ - Matrix $\underline{S}_i$ bestimmt.

3. Zur Bestimmung von $\underline{M}_{AB}$ werden zunächst die entsprechenden Spalten von $\underline{J}\,\underline{M}_{AB}^{-1} = \underline{T}_{AB}\underline{B}$ gebildet, d.h.

$$\underline{M}_{AB}^{-1} = \begin{bmatrix} \underline{e}_1'\underline{A}^{\mu_1-1} \\ \vdots \\ \underline{e}_r'\underline{A}^{\mu_r-1} \end{bmatrix} \cdot \underline{B} \qquad (9.3.27)$$

Durch Inversion dieser rxr-Dreiecksmatrix erhält man $\underline{M}_{AB}$.

4. Es wird die Matrix $\underline{E}$ nach Gl.(9.3.19) ausgerechnet.

5. Die Koeffizienten von $\underline{V}_{FD}(z)$ bilden die Matrix $\underline{Q}$ in Gl. (9.3.20). Damit kann $\underline{K} = \underline{M}_{AB}\,\underline{Q}\,\underline{E}$ ausgerechnet werden.

Beispiel:

Es wird ohne Verweis auf vorherige Zwischenergebnisse das Beispiel (9.1.13) behandelt mit

$$\underline{A} = \begin{bmatrix} 1 & 1 & 0 & 0 & 0 \\ 0 & 1 & 1 & 0 & 1 \\ -1 & 1 & 1 & 0 & -1 \\ 0 & 0 & 1 & 1 & 1 \\ 1 & -1 & 0 & 0 & 2 \end{bmatrix}, \quad \underline{B} = \begin{bmatrix} 1 & -1 & -2 \\ 2 & -1 & -1 \\ 1 & -1 & -1 \\ 1 & 0 & -1 \\ 1 & 1 & 1 \end{bmatrix}$$

1. Es wird gebildet

$$[\underline{B}, \underline{A}\,\underline{B}] = [\underline{b}_1 \quad \underline{b}_2 \quad \underline{b}_3 \quad \underline{A}\,\underline{b}_1 \quad \underline{A}\,\underline{b}_2 \quad \underline{A}\,\underline{b}_3]$$

daraus folgt $\mu_1 = 2$, $\mu_2 = 1$, $\mu_3 = 2$ und

$$\underline{R} = [\underline{b}_1, \underline{A}\,\underline{b}_1 \vdots \underline{b}_2 \vdots \underline{b}_3 \quad \underline{A}\,\underline{b}_3]$$

2. Es ist

$$\begin{bmatrix} \underline{e}_1' \\ \underline{e}_2' \\ \underline{e}_3' \end{bmatrix} \underline{R} = \begin{bmatrix} 0 & 1 & 0 & 0 & 0 \\ 0 & 0 & 1 & 0 & 0 \\ 0 & 0 & 0 & 0 & 1 \end{bmatrix}$$

$$\begin{bmatrix} \underline{e}_1' \\ \underline{e}_2' \\ \underline{e}_3' \end{bmatrix} = \begin{bmatrix} 0 & 0,5 & -0,75 & 0 & 0,25 \\ 0 & -1 & 0,5 & 1 & 0,5 \\ -1 & 0 & 0,5 & 1 & -0,5 \end{bmatrix}$$

3.

$$\underline{M}_{AB}^{-1} = \begin{bmatrix} \underline{e}_1'\underline{A} \\ \underline{e}_2' \\ \underline{e}_3'\underline{A} \end{bmatrix} \underline{B} = \begin{bmatrix} 0,5 & 0 & -0,25 & 0 & 0,75 \\ 0 & -1 & 0,5 & 1 & 0,5 \\ -2 & 0 & 1,5 & 1 & -0,5 \end{bmatrix} \begin{bmatrix} 1 & -1 & -2 \\ 2 & -1 & -1 \\ 1 & -1 & -1 \\ 1 & 0 & -1 \\ 1 & 1 & 1 \end{bmatrix} = \begin{bmatrix} 1 & 0,5 & 0 \\ 0 & 1 & 0 \\ 0 & 0 & 1 \end{bmatrix}$$

$$\underline{M}_{AB} = \begin{bmatrix} 1 & -0,5 & 0 \\ 0 & 1 & 0 \\ 0 & 0 & 1 \end{bmatrix}$$

4.

$$
\underline{E} =
\begin{bmatrix}
\underline{e}_1' \\
\underline{e}_1'A \\
\underline{e}_1'A^2 \\
\underline{e}_2 \\
\underline{e}_2'A \\
\underline{e}_3' \\
\underline{e}_3 A \\
\underline{e}_3'A^2
\end{bmatrix}
=
\left[
\begin{array}{ccccc}
0 & 0,5 & -0,75 & 0 & -0,25 \\
0,5 & 0 & -0,25 & 0 & 0,75 \\
1,5 & -0,5 & -0,25 & 0 & 1,75 \\
\hline
0 & -1 & 0,5 & 1 & 0,5 \\
0 & -1 & 0,5 & 1 & 0,5 \\
\hline
-1 & 0 & 0,5 & 1 & -0,5 \\
-2 & 0 & 1,5 & 1 & -0,5 \\
-4 & 0 & 2,5 & 1 & -0,5
\end{array}
\right]
$$

5. Es soll ein Minimalpolynom $(z-0,5)^2$ vorgegeben werden,
d.h.

$$
\underline{V}_{FD}(z) =
\begin{bmatrix}
0,25 - z + z^2 & 0 & 0 \\
0 & -0,5 + z & 0 \\
0 & 0 & 0,25 - z + z^2
\end{bmatrix}
$$

Das charakteristische Polynom ist damit
$\det \underline{V}_{FD}(z) = (z - 0,5)^5$.

$$
\underline{Q} =
\left[
\begin{array}{ccc|cc|ccc}
0,25 & -1 & 1 & 0 & 0 & 0 & 0 & 0 \\
0 & 0 & 0 & -0,5 & 1 & 0 & 0 & 0 \\
0 & 0 & 0 & 0 & 0 & 0,25 & -1 & 1
\end{array}
\right]
$$

$$
\underline{K} = \underline{M}_{AB}\, \underline{Q}\, \underline{E} =
\begin{bmatrix}
1 & -0,125 & 0,0625 & -0,25 & 0,8125 \\
0 & -0,5 & 0,25 & 0,5 & 0,25 \\
-2,25 & 0 & 1,125 & 0,25 & -1,125
\end{bmatrix}
$$

$$(9.3.28)$$

Da die Eigenwerte von $z_{1,2,3,4} = 1$, $z_5 = 2$ nur bis $z = 0,5$
verschoben werden, sind alle Verstärkungen kleiner als bei
der zeitoptimalen Lösung $\underline{K}_0$ nach Gl. (9.3.6).

Soll nun z.B. gezielt das größte Element k_{31} = -2,25 auf -1 dem Betrage nach verkleinert werden, ohne daß sich das charakteristische Polynom ändert, so kann das offensichtlich durch q_{32} oder q_{33} geschehen. Wir wählen q_{32} = 2,5 , um k_{31} um 2,5 · 0,5 = 1,25 zu vergrößern

$$\underline{Q} = \begin{bmatrix} 0,25 & -1 & 1 & \vdots & 0 & 0 & \vdots & 0 & 0 & 0 \\ 0 & 0 & 0 & \vdots & -0,5 & 1 & \vdots & 0 & 0 & 0 \\ 0 & 2,5 & 0 & \vdots & 0 & 0 & \vdots & 0,25 & -1 & 1 \end{bmatrix}$$

$$\underline{K} = \underline{M}_{AB}\ \underline{Q}\ \underline{E} = \begin{bmatrix} 1 & -0,125 & 0,0625 & -0,25 & 0,8125 \\ 0 & -0,5 & 0,25 & 0,5 & 0,25 \\ -1 & 0 & 0,5 & 0,25 & 0,75 \end{bmatrix}$$

$$(9.3.29)$$

Die größte Verstärkung wurde damit von 2,25 auf 1 vermindert.

Zum besseren Verständnis dieses Effekts ziehen wir zum Vergleich die $\underline{Q}_{AD}$-Matrix des offenen Kreises heran. Diese ergibt sich aus $\underline{L}_{AD}$ nach Gl. (9.1.49) durch Einschieben der Spalten der Einheitsmatrix

$$\underline{Q}_{AD} = \begin{bmatrix} 1 & -2 & 1 & \vdots & 0 & 0 & \vdots & -0,5 & 0,5 & 0 \\ 0 & 0 & 0 & \vdots & -1 & 1 & \vdots & 0 & 0 & 0 \\ -2 & 2 & 0 & \vdots & -1 & 0 & \vdots & 3 & -3 & 1 \end{bmatrix} \qquad (9.3.30)$$

Zunächst einmal ermöglicht dies eine Kontrolle: Tatsächlich ist $\underline{K} = \underline{M}_{AB}\ \underline{Q}_{AD}\ \underline{E} = \underline{O}$. Man sieht nun, daß das 3-2-Element gleich 2 ist. Anstatt diese Kopplung vom ersten Teilsystem in das dritte hinein mit einigem Aufwand zu zerstören, haben wir sie oben sogar noch etwas auf 2,5 erhöht. Dadurch unterstützt die erste Stellgröße die dritte.

Dieses Beispiel soll den Vorteil einer "sanften" Regelung veranschaulichen, die mit kleinen Verstärkungen auskommt. Darin werden natürlich vorhandene Kopplungen der Teilsysteme ausgenutzt und nicht im Interesse einer vereinfachten Entwurfsmethodik beseitigt.

9.3.4 Polgebiets-Vorgabe

Im Eingrößenfall haben wir die Polgebietsvorgabe im n-dimensionalen K-Raum der Rückführvektoren $\underline{k}'$ untersucht und dort Schnittmengen für die robuste schöne Stabilisierung bestimmt. Prinzipiell läßt sich das auch in dem r x n dimensionalen Raum durchführen, dessen Koordinaten die Elemente k_{ij} der Rückführmatrix sind. Wegen der größeren Zahl der freien Reglerparameter wird das Verfahren jedoch aufwendiger.

Es gibt wiederum die Möglichkeit, schöne Stabilitätsgebiete zunächst in einem kanonischen Parameterraum der Dimension n x r zu untersuchen. Seine Koordinaten sind die Elemente der charakteristischen Matrix des geschlossenen Kreises, siehe z.B. $\underline{Q}$ in Gl. (9.3.20). Verschiedene Parametersätze der Regelstrecke liefern dann verschiedene Matrizen $\underline{M}_{ABj}$ und $\underline{E}_j$ in Gl. (9.3.21), die als Abbildung in den K-Raum über $\underline{K} = \underline{M}_{ABj} \underline{Q} \, \underline{E}_j$ aufgefaßt werden können. Dieser Weg ist bisher noch nicht untersucht worden.

Umgekehrt kann man auch vom K-Raum ausgehen und für J Betriebsfälle die J Polynome

$$P_j(z) = [\underline{p}'_j \quad 1] \, \underline{z}_n = \det(z\underline{I} - \underline{A}_j + \underline{B}_j \, \underline{K}), \quad j = 1, 2 \ldots J$$

$$(9.3.31)$$

auf schöne Stabilität prüfen. Die Berechnung der Funktionen $\underline{p}_j(\underline{K})$ kann, entsprechend wie in Gl. (7.5.8), über den Leverrier-Algorithmus erfolgen. Dies soll für den Regelkreis von Bild 9.6 gezeigt werden.

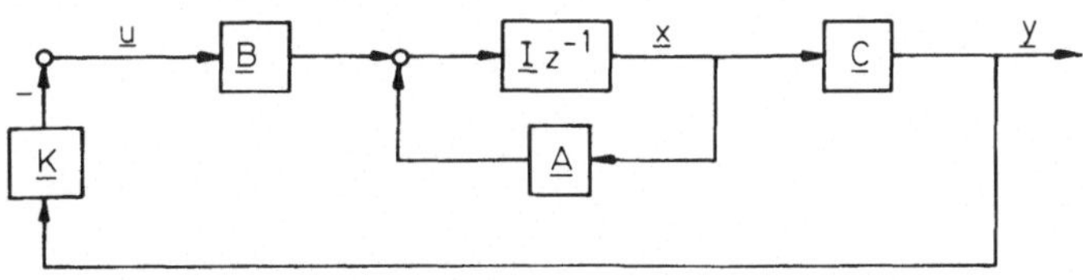

Bild 9.6 Regelkreis mit Ausgangsvektor-Rückführung

162

Die z-transformierten Zustandsgleichungen lauten

$$z(\underline{x}_z(z) - \underline{x}[0]) = \underline{A} \, \underline{x}_z(z) + \underline{B} \, \underline{u}_z(z)$$

$$(z\underline{I} - \underline{A})\underline{x}_z(z) = z \, \underline{x}[0] + \underline{B} \, \underline{u}_z(z)$$

$$\underline{x}_z(z) = z(z\underline{I} - \underline{A})^{-1}\underline{x}[0] + (z\underline{I} - \underline{A})^{-1}\underline{B} \, \underline{u}_z(z)$$

Damit ist

$$\underline{u}_z(z) = -\underline{K} \, \underline{C} \, x_z(z)$$

$$= -z \, \underline{K} \, \underline{C}(z\underline{I} - \underline{A})^{-1}\underline{x}[0] - \underline{K} \, \underline{C}(z\underline{I} - \underline{A})^{-1}\underline{B} \, \underline{u}_z(z)$$

$$[\underline{I}_r + \underline{K} \, \underline{C} \, (z\underline{I} - \underline{A})^{-1}\underline{B}]\underline{u}_z(z) = -z \, \underline{K} \, \underline{C}(z\underline{I} - \underline{A})^{-1}\underline{x}[0] \qquad (9.3.32)$$

Hierin wird $(z\underline{I} - \underline{A})^{-1}$ über den Leverrier-Algorithmus Gl. (7.5.4) berechnet zu

$$(z\underline{I} - \underline{A})^{-1} = \frac{\underline{D}(z)}{P_A(z)} = \frac{\underline{D}_{n-1}z^{n-1}+\ldots+\underline{D}_o}{z^n+a_{n-1}z^{n-1}+\ldots+a_o}$$

Gl. (9.3.32) lautet damit

$$[\underline{I}_r P_A(z) + \underline{K} \, \underline{C} \, \underline{D}(z) \, \underline{B}]\underline{u}_z(z) = -z \, \underline{K} \, \underline{C} \, \underline{D}(z) \, \underline{x}[0]$$

$$\underline{u}_z(z) = -z[\underline{I}_r P_A(z) + \underline{K} \, \underline{C} \, \underline{D}(z) \, \underline{B}]^{-1}\underline{K} \, \underline{C} \, \underline{D}(z) \, \underline{x}[0]$$

Der Nenner von $\underline{u}_z(z)$ ist das charakteristische Polynom

$$P(z) = [\underline{p}' \quad 1]\underline{z}_n = \det[\underline{I}_r P_A(z) + \underline{K} \, \underline{C} \, \underline{D}(z) \, \underline{B}] \qquad (9.3.33)$$

Damit braucht nur eine rxr-Matrix in $\underline{K}$ ausgerechnet zu werden anstelle der nxn-Matrix in Gl. (9.3.31). $\underline{p}'$ in Gl. (9.3.33) ist von der Form

$$\underline{p}(\underline{K}) = \underline{a} + \underline{f}(\underline{K}) \qquad (9.3.34)$$

wobei $\underline{f}(\underline{K})$ eine multilineare, von $(\underline{A}, \underline{B}, \underline{C})$ abhängige Funktion ist. $\underline{p}(\underline{K})$ kann z.B. in algebraische Kriterien für schöne Stabilität eingesetzt werden, die damit in den Reglerparametern $\underline{K}$ formuliert werden.

Mit grafischen Methoden kann man sich eine Vorstellung von dem schönen Stabilitätsgebiet im K-Raum verschaffen, indem man zweidimensionale Schnitte hindurchlegt. Mit anderen Worten: Man legt $\underline{K}$ bis auf zwei Elemente k_a, k_b fest, d.h.

$$\underline{K} = \underline{K}_1 + \underline{K}_2(k_a, k_b) \qquad (9.3.35)$$

Wenn k_a und k_b verschiedenen Spalten und Zeilen der $\underline{K}$-Matrix angehören, tritt bei der Ausrechnung der Determinanten nach Gl. (9.3.33) auch das Produkt $k_a \cdot k_b$ auf, Gl. (9.3.34) erhält dann die Form

$$\underline{p}(\underline{K}) = \underline{a} + \underline{f}(\underline{K}_1) + \underline{\alpha}\, k_a + \underline{\beta}\, k_b + \underline{\gamma} \cdot k_a \cdot k_b \qquad (9.3.36)$$

Man berechnet $\underline{f}(\underline{K}_1)$ durch Einsetzen von $\underline{K}_1$ in Gl. (9.3.33) oder (9.3.31). Fügt man dann zuerst $k_a = 1$ hinzu, so erhält man den zusätzlichen Vektor $\underline{\alpha}$. Fügt man nur $k_b = 1$ hinzu, so erhält man $\underline{\beta}$, und entsprechend kann man mit $k_a = k_b = 1$ den Vektor $\underline{\gamma}$ aus den Koeffizienten des charakteristischen Polynoms
$\underline{p}(\underline{K}) = \underline{a} + \underline{f}(\underline{K}_1) + \underline{\alpha} + \underline{\beta} + \underline{\gamma}$ bestimmen.

Setzt man nun $\underline{p}$ nach Gl. (9.3.36) in die Gl. (7.4.1) für die reelle Grenze ein, bzw. in Gl. (7.4.6) für die komplexe Grenze, so erhält man eine Hyperbel als reelle Grenze. Jeder Punkt α der komplexen Grenze wird als Schnitt von zwei Hyperbeln bestimmt.

Einfacher zu berechnen und übersichtlicher in der Darstellung sind Schnitte, bei denen k_a und k_b entweder aus der gleichen Zeile oder aus der gleichen Spalte gewählt werden. Die Produkte $k_a k_b$ entfallen dann und es ist nur eine Gerade bzw. der Schnittpunkt zweier Geraden wie im Eingrößenfall zu berechnen. Anstelle von zwei Elementen der gleichen Zeile (Spalte) können auch zwei Linearkombinationen von Elementen der gleichen Zeile (Spalte) als freie Parameter der Entwurfsebene gewählt werden, die damit schiefwinklig zu den Koordinatenachsen des K-Raums liegt.

9.4 Dynamische Ausgangsvektor-Rückführung

Die Gleichungen des Beobachters der Ordnung n wurden in Gl. (5.2.8)
bereits für den Mehrgrößenfall formuliert, ebenso für den Beobachter der Ordnung n - s in den Gln. (5.3.6) bis (5.3.14). Für die
Festlegung von $\underline{A}$ - $\underline{H}\,\underline{C}$ durch Wahl von $\underline{H}$ in Gl. (5.2.10) bzw. für
die Festlegung von $(\underline{P} - \underline{H}\,\underline{R})$ durch Wahl von $\underline{H}$ in Gl. (5.3.15)
können aufgrund der Dualität zwischen Steuerung und Beobachtung
gemäß Gl. (5.2.12) sämtliche Ergebnisse der Zustandsvektor-Rückführung direkt übertragen werden.

Auch die Separation von Zustandsschätzung und Zustandsvektor-
Rückführung wurde in Gl. (6.3.3) bereits für den Mehrgrößenfall
gezeigt.

Entsprechend zu den Steuerbarkeits-Indices μ_i nach Gl. (9.2.1)
definiert man hier:

Der <u>Beobachtbarkeitsindex</u> ν_i eines Paares $(\underline{A},\ \underline{C})$ mit

$$\underline{c} = \begin{bmatrix} \underline{c}'_1 \\ \vdots \\ \underline{c}'_s \end{bmatrix} \quad \text{ist die kleinste ganze Zahl, so daß } \underline{c}'_i \underline{A}^{\nu_i}$$

linear abhängig ist von seinen Vorgängern in $\begin{bmatrix} \underline{C} \\ \underline{C}\,\underline{A} \\ \vdots \end{bmatrix}$

Aufgrund der Dualität zwischen Steuerung und Beobachtung, siehe
Gl. (5.2.12), können alle für die Steuerbarkeitsstruktur erar-
beiteten Ergebnisse unmittelbar auf die Beobachtbarkeitsstruktur
übertragen werden.

Die Zusammenfassung von Beobachter und Zustandsvektor-Rückführung
zu einem Regler und dessen Berechnung im Frequenzbereich nach dem
Ansatz von Bild 6.7 kann wie in Abschnitt 6.5 erfolgen [74.1],
[81.1], [81.2]. Hierbei ist es hilfreich, Kenntnisse über die
Struktur der Regelstrecke in Form der Steuerbarkeits-Indices und
der dazu dualen Beobachtbarkeits-Indices in der Struktur des Reg-
ler-Ansatzes zu berücksichtigen.

9.5 Quadratisch optimale Regelung

Ein bei Ein- und Mehrgrößensystemen gleichermaßen schematisch an-
wendbarer Formalismus zur Berechnung einer zeitvariablen Zustands-
vektorrückführung

$$\underline{u}(t) = \underline{K}(t)\underline{x}(t) \tag{9.5.1}$$

für die Regelstrecke

$$\underline{\dot{x}}(t) = \underline{F}\underline{x}(t) + \underline{G}\underline{u}(t) \tag{9.5.2}$$

folgt aus der Minimierung des quadratischen Kostenfunktionals

$$J = \underline{x}'(t_e)\underline{D}\underline{x}(t_e) + \int_0^{t_e} \{\underline{x}'(t)\underline{P}\underline{x}(t) + \underline{u}'(t)\underline{M}\underline{u}(t)\}dt \tag{9.5.3}$$

mit $\underline{D}$ und $\underline{P}$ positiv semidefinit und $\underline{M}$ positiv definit. $\underline{x}(t)$ soll
im Regelungsintervall $0 \le t \le t_e$ von $\underline{x}(0) = \underline{x}_0$ auf $\underline{x}(t_e) \approx 0$ aus-
geregelt werden. $\underline{K}(t)$ für $0 \le t \le t_e$ in Gl. (9.5.1) ergibt sich
aus der Lösung einer Matrix-Riccati-Differentialgleichung, siehe z.B.
[71.8] [72.5].

Als Entwurfswerkzeug ist dieser Formalismus auch unter Einbeziehung
seiner zahlreichen Verallgemeinerungen nur bedingt tauglich: Die
technische Aufgabenstellung muß sich mit dem einen Kostenfunktional
Gl.(9.5.3) hinreichend genau beschreiben lassen. Häufig liefert
aber ein solcher mit allgemein verfügbaren Rechenprogrammen durch-
führbarer "Riccati-Entwurf" brauchbare Anhaltspunkte für mögliche
Lösungen, die auch als Startwerte für einen Entwurf im K-Raum oder
für die Optimierung mit vektoriellem Gütekriterium dienen können.

9.5.1 Diskrete Systeme

Für diskrete Systeme

$$\underline{x}_{k+1} = \underline{A}\,\underline{x}_k + \underline{B}\,\underline{u}_k \tag{9.5.4}$$

kann entsprechend das folgende Kostenfunktional minimiert werden:

$$J: = \underline{x}'_N \underline{D}_N \underline{x}_N + \sum_{k=0}^{N-1} (\underline{x}'_k \underline{Q} \underline{x}_k + \underline{u}'_k \underline{R} \underline{u}_k) \qquad (9.5.5)$$

Darin ist $\underline{D}_N$ und $\underline{Q}$ positiv semidefinit und $\underline{R}$ positiv definit. (Die diskrete Zeit wird zur Vereinfachung hier als Index geschrieben. Da im folgenden keine Vektorkomponenten betrachtet werden, ist eine Verwechslung ausgeschlossen.) Das System (9.5.4) mit dem Anfangszustand $\underline{x}_o$ soll so in die Nähe des Nullzustands $\underline{x}_N \approx 0$ überführt werden, daß die Kostenfunktion (9.5.5) minimal wird. Dieses Problem wurde von Kalman und Koepcke [58.7] gelöst. Das Ergebnis ist das in Parametern und Struktur optimale zeitvariable Regelgesetz

$$\underline{u}_k = -\underline{K}_k \underline{x}_k \qquad (9.5.6)$$

Wir leiten im folgenden die Berechnungsvorschriften für $\underline{K}_k$ her. Zuerst wird $\underline{K}_{N-1}$ für das letzte Intervall berechnet. Der Anteil der Kostenfunktion J ist für dieses Intervall nach Gl. (9.5.5)

$$J_{N-1}: = \underline{x}'_N \underline{D}_N \underline{x}_N + \underline{x}'_{N-1} \underline{Q} \underline{x}_{n-1} + \underline{u}'_{N-1} \underline{R} \underline{u}_{n-1} \qquad (9.5.7)$$

Darin wird $\underline{x}_N$ und $\underline{u}_{N-1}$ gemäß Gln. (9.5.4) und (9.5.6) eingesetzt, d.h.

$$\underline{x}_N = (\underline{A} - \underline{B}\underline{K}_{N-1})\underline{x}_{N-1} \; , \; \underline{u}_{N-1} = -\underline{K}_{N-1}\underline{x}_{N-1} \qquad (9.5.8)$$

Man erhält

$$J_{N-1} = \underline{x}'_{N-1} \underline{D}_{N-1} \underline{x}_{N-1} \qquad (9.5.9)$$

$$\underline{D}_{N-1} = (\underline{A} - \underline{B}\underline{K}_{N-1})'\underline{D}_N(\underline{A} - \underline{B}\underline{K}_{N-1}) + \underline{Q} + \underline{K}'_{N-1}\underline{R}\underline{K}_{N-1} \qquad (9.5.10)$$

Nach dem Bellmannschen Prinzip muß die Transition von $\underline{x}_{N-1}$ nach $\underline{x}_N$ als Teil einer optimalen Transition von $\underline{x}_o$ nach $\underline{x}_N$ für sich optimal sein. $\underline{K}_{N-1}$ muß also so gewählt werden, daß J_{N-1} minimal wird. Dazu schreiben wir $\underline{D}_{N-1}$ zunächst in der Form

$$\underline{D}_{N-1} = \underline{A}_o - \underline{A}_1 \, \underline{K}_{N-1} - \underline{K}'_{N-1} \, \underline{A}'_1 + \underline{K}'_{N-1} \, \underline{A}_2 \, \underline{K}_{N-1} \qquad (9.5.11)$$

mit $\underline{A}_o = \underline{A}'_o = \underline{A}' \, \underline{D}_N \, \underline{A} + \underline{Q}$

$$\underline{A}_1 = \underline{A}' \, \underline{D}_N \, \underline{B}$$

$$\underline{A}_2 = \underline{A}'_2 = \underline{B}' \, \underline{D}_N \, \underline{B} + \underline{R} \qquad \text{positiv definit}$$

Die von $\underline{K}_{N-1}$ abhängigen Terme in Gl. (9.5.11) werden durch Addition und Subtraktion des Terms $\underline{A}_1 \underline{A}_2^{-1} \underline{A}'_1$ zum vollständigen Quadrat ergänzt. Man erhält

$$\underline{D}_{N-1} = \underline{A}_o - \underline{A}_1 \underline{A}_2^{-1} \underline{A}'_1 + (\underline{K}'_{N-1} - \underline{A}_1 \underline{A}_2^{-1}) \underline{A}_2 (\underline{K}'_{N-1} - \underline{A}_1 \underline{A}_2^{-1})' \qquad (9.5.12)$$

Die beiden ersten Terme hängen nicht von $\underline{K}_{N-1}$ ab, man erhält das Minimum von J_{N-1} mit

$$\underline{K}'_{N-1} = \underline{A}_1 \underline{A}_2^{-1} \quad \text{bzw.} \quad \underline{K}_{N-1} = \underline{A}_2^{-1} \underline{A}'_1$$

$$\underline{K}_{N-1} = (\underline{B}' \underline{D}_N \underline{B} + \underline{R})^{-1} \underline{B}' \underline{D}_N \underline{A} \qquad (9.5.13)$$

Der Anteil der Kostenfunktion für das vorletzte Intervall ist nach Gl. (9.5.5)

$$J_{N-2} = \underline{x}'_{N-1} \underline{D}_{N-1} \underline{x}_{N-1} + \underline{x}'_{N-2} \underline{Q} \, \underline{x}_{N-2} + \underline{u}'_{N-2} \underline{R} \, \underline{u}_{N-2} \qquad (9.5.14)$$

Die Minimierung von $J_{N-2} = \underline{x}'_{N-2} \underline{D}_{N-2} \underline{x}_{N-2}$ mit Hilfe von $\underline{K}_{N-2}$ stellt wieder das gleiche Problem dar wie im letzten Intervall die Minimierung von J_{N-1} mit Hilfe von $\underline{K}_{N-1}$; es muß in den Gln. (9.5.9), (9.5.10) und (9.5.13) lediglich N durch N-1 ersetzt werden. Denkt man sich dies fortgesetzt für k = N-2, N-3 ... 2, 1, 0, so ist der jeweilige minimale Wert der Kostenfunktion $J_k = \underline{x}'_k \underline{D}_k \underline{x}_k$.

Die Folge der optimalen Verstärkungsmatrizen $\underline{K}_k$, k = N-1, N-2 ... 2, 1, 0 wird rekursiv, beginnend mit $\underline{D}_N$ berechnet. Gl. (9.5.13) lautet dann allgemein

$$\underline{K}_k = (\underline{B}' \underline{D}_{k+1} \underline{B} + \underline{R})^{-1} \underline{B}' \underline{D}_{k+1} \underline{A} \qquad (9.5.15)$$

und Gl. (9.5.12)

$$\underline{D}_k = (\underline{A} - \underline{B}\,\underline{K}_k)'\,\underline{D}_{k+1}(\underline{A} - \underline{B}\,\underline{K}_k) + \underline{Q} + \underline{K}_k'\underline{R}\,\underline{K}_k \qquad (9.5.16)$$

Gl. (9.5.16) ist eine Riccati-Differenzengleichung, zusammen mit
Gl. (9.5.15) liefert sie die optimalen Verstärkungsmatrizen $\underline{K}_k$.
Diese hängen nicht vom Anfangszustand $\underline{x}_o$ der Regelstrecke ab. Die
Zustandsvektor-Rückführung nach Gl. (9.5.6) ist also optimal für
alle Anfangszustände.

Bisher wurde ein endliches Regelungsintervall $0 \leq t \leq NT$ zugrundegelegt. Wir lassen nun N gegen unendlich gehen und setzen
$\underline{D}_N = 0$. Die Kostenfunktion wird also

$$J = \sum_{k=0}^{\infty} [\underline{x}_k'\,\underline{Q}\,\underline{x}_k + \underline{u}_k'\underline{R}\,\underline{u}_k] \qquad (9.5.17)$$

Im Gegensatz zum endlichen Regelungsintervall müssen hier zumindest
die instabilen Eigenwerte der Regelstrecke steuerbar sein, damit
J endlich bleibt. Dann existiert die stationäre Lösung
$K = K_\infty$, $D = D_\infty$ der Riccati-Differenzengleichung (9.5.15), (9.5.16)
und liefert eine konstante Zustandsvektor-Rückführung $\underline{K}$.

Der mit $\underline{u} = -\underline{K}\,\underline{x}$ geschlossene Kreis ist stabil, wenn die Gewich-
tungsmatrix $\underline{Q} = \underline{H}'\underline{H}$ in Gl. (9.5.5) so gewählt wurde, daß zumindest
die instabilen Eigenwerte von $\underline{A}$ über $\underline{y}_H = \underline{H}\,\underline{x}$ beobachtbar sind.

Im stationären Fall wird Gl. (9.5.16) mit $\underline{D} = \underline{D}'$, $\underline{R} = \underline{R}'$

$$\underline{D} = (\underline{A} - \underline{B}\,\underline{K})'\underline{D}(\underline{A} - \underline{B}\,\underline{K}) + \underline{Q} + \underline{K}'\underline{R}\,\underline{K}$$

$$= \underline{A}'\underline{D}\,\underline{A} - \underline{K}'\underline{B}'\underline{D}\,\underline{A} - \underline{A}'\underline{D}\,\underline{B}\,\underline{K} + \underline{Q} + \underline{K}'(\underline{B}'\underline{D}\,\underline{B} + \underline{R})\,\underline{K} \qquad (9.5.18)$$

Darin ist gemäß Gl. (9.5.15)

$$\underline{K} = (\underline{B}'\underline{D}\,\underline{B} + \underline{R})^{-1}\underline{B}'\underline{D}\,\underline{A} \qquad (9.5.19)$$

Eingesetzt in Gl. (9.5.19) ergibt dies

$$\underline{D} = \underline{A}'\underline{D}\,\underline{A} - 2\,\underline{A}'\underline{D}\,\underline{B}\,(\underline{B}'\underline{D}\,\underline{B} + \underline{R})^{-1}\underline{B}'\underline{D}\,\underline{A} + \underline{Q} +$$

$$+ \underline{A}'\underline{D}\,\underline{B}\,(\underline{B}'\underline{D}\,\underline{B} + \underline{R})^{-1}\,\underline{B}'\underline{D}\,\underline{A}$$

$$= \underline{A}'\underline{D}\,\underline{A} - \underline{A}'\underline{D}\,\underline{B}\,(\underline{B}'\underline{D}\,\underline{B} + \underline{R})^{-1}\underline{B}'\underline{D}\,\underline{A} + \underline{Q}$$

$$\underline{D} = \underline{A}'[\underline{D} - \underline{D}\,\underline{B}(\underline{B}'\underline{D}\,\underline{B} + \underline{R})^{-1}\underline{B}\,\underline{D}]\underline{A} + \underline{Q} \qquad (9.5.20)$$

Zur Lösung dieser algebraischen Riccati-Differenzengleichung gibt
es effiziente numerische Verfahren [79.6], [80.14].

9.5.2 Abtastsysteme

Mit dem Kostenfunktional (9.5.5) wurde der Zustand $\underline{x}_k = \underline{x}(kT)$ nur
zu den Abtastzeitpunkten gewichtet. Wenn das diskrete System
(9.5.4) ein Abtastsystem beschreibt, das durch Diskretisierung
der zeitkontinuierlichen Regelstrecke (9.5.2) entstanden ist, kann
man auch bei einer Abtastregelung den Zustand kontinuierlich ge-
wichten, d.h. das Kostenfunktional (9.5.3) minimieren. Es erhält
hier die Gestalt

$$J = \underline{x}'(NT)\underline{D}_N\underline{x}(NT) +$$

$$+ \sum_{k=0}^{N-1} \{\int_0^1 \underline{x}'(kT+\gamma T)\underline{P}\,\underline{x}(kT+\gamma T)d\gamma + T \cdot \underline{u}'(kT)\underline{M}u(kT)\}$$

$$(9.5.21)$$

Darin ist gemäß Gl. (3.7.5)

$$\underline{x}(kT+\gamma T) = \underline{A}_\gamma\underline{x}(kT) + \underline{B}_\gamma\underline{u}(kT) \qquad (9.5.22)$$

$$\text{mit } \underline{A}_\gamma = e^{\underline{F}\gamma T} \quad , \quad \underline{B}_\gamma = \int_0^{\gamma T} e^{\underline{F}v}dv\underline{G}$$

Eingesetzt in Gl. (9.5.21) ergibt sich in Index-Schreibweise
$\underline{x}_k = \underline{x}(kT)$

$$J = \underline{x}_N'\underline{D}_N\underline{x}_N + \sum_{k=0}^{N-1} (\underline{x}_k'\overline{\underline{P}}\ \underline{x}_k + \underline{x}_k'\underline{S}\ \underline{u}_k + \underline{u}_k'\underline{S}'\underline{x}_k + \underline{u}_k'\overline{\underline{M}}\ \underline{u}_k \qquad (9.5.23)$$

mit

$$\overline{\underline{P}}: = \int_0^1 \underline{A}_\gamma'\ \underline{P}\ \underline{A}_\gamma\ d\gamma \qquad\qquad \text{positiv semidefinit}$$

$$\underline{S}: = \int_0^1 \underline{A}_\gamma'\ \underline{P}\ \underline{B}_\gamma\ d\gamma \qquad\qquad\qquad\qquad\qquad (9.5.24)$$

$$\overline{\underline{M}}: = \int_0^1 \underline{B}_\gamma'\ \underline{P}\ \underline{B}_\gamma\ d\gamma + T\underline{M} \qquad \text{positiv definit}$$

Die Minimierung von J nach Gl. (9.5.23) läßt sich leicht auf die Minimierung von J nach Gl. (9.5.5) zurückführen, indem man in Gl. (9.5.23)

$$\underline{u}_k = -\overline{\underline{M}}^{-1}\underline{S}'\underline{x}_k + \underline{v}_k \qquad\qquad\qquad\qquad\qquad (9.5.26)$$

setzt. Dann wird nämlich

$$J = \underline{x}_N'\underline{D}_N\underline{x}_N + \sum_{k=0}^{N-1} \{\underline{x}_k'(\overline{\underline{P}} - \underline{S}\ \overline{\underline{M}}^{-1}\underline{S}')\underline{x}_k + \underline{v}_k'\ \overline{\underline{M}}v_k\} \qquad (9.5.27)$$

Diese Aufgabe, J zu minimieren, entspricht genau der, für ein Ersatzsystem

$$\underline{x}_{k+1} = \underline{A}^{*}\underline{x}_k + \underline{B}\ \underline{v}_k \quad , \quad \underline{A}^{*}: = \underline{A} - \underline{B}\ \overline{\underline{M}}^{-1}\underline{S}' \qquad (9.5.28)$$

das Kostenfunktional

$$J = \underline{x}_N'\underline{D}_N\underline{x}_N + \sum_{k=0}^{N-1} (\underline{x}_k'\underline{Q}\ \underline{x}_k + \underline{u}_k'\underline{R}\ \underline{u}_k) \qquad\qquad (9.5.29)$$

zu minimieren, wobei

$$\underline{Q}: = \overline{\underline{P}} - \underline{S}\ \overline{\underline{M}}^{-1}\underline{S}' \quad ; \quad \underline{R}: = \overline{\underline{M}} \qquad\qquad\qquad (9.5.30)$$

Aus dem resultierenden Regelgesetz des Ersatzsystems

$$\underline{v}_k = -\underline{K}_k^{\ast\ast} \underline{x}_k \qquad\qquad (9.5.31)$$

folgt dann für das Originalsystem mit Gl. (9.5.26)

$$u_k = -(\overline{\underline{M}}^{-1}\underline{S}' + \underline{K}_k^{\ast\ast})\underline{x}_k = -\underline{K}_k \underline{x}_k \qquad\qquad (9.5.32)$$

Entsprechend wie in Abschnitt 9.5.1 kann man wieder zur stationären Lösung übergehen, um eine konstante Rückführung zu erhalten, die das Gütefunktional

$$J = \int_0^\infty (\underline{x}'\underline{P}\,\underline{x} + \underline{u}'\underline{M}\,\underline{u})dt \qquad\qquad (9.5.33)$$

minimiert.

Die nötigen Rechenschritte sind im folgenden rezeptartig zusammengestellt:

1. Man wähle die Abtastperiode T.

2. Man wähle die Gewichtungsmatrizen $\underline{P}$ und $\underline{M}$ in Gl. (9.5.33).

3. Man berechne $\overline{\underline{P}}$, $\underline{S}$ und $\overline{\underline{M}}$ nach Gl. (9.5.24) und daraus $\underline{Q}$ und $\underline{R}$ in Gl. (9.5.30) sowie $\underline{A}^{\ast}$ nach Gl. (9.5.28).

4. In der Riccati-Gleichung (9.5.20) wird $\underline{A} = \underline{A}^{\ast}$ gesetzt und aus dieser Gleichung wird mit einem geeigneten Rechenprogramm $\underline{D}$ berechnet.

5. Gl. (9.5.19) lautet hier

$$\underline{K}^{\ast} = (\underline{B}'\,\underline{D}\,\underline{B} + \underline{R})^{-1}\,\underline{B}'\,\underline{D}\,\underline{A}^{\ast} \qquad\qquad (9.5.34)$$

6. Für das ursprüngliche System $(\underline{A},\ \underline{B})$ ergibt sich $\underline{K}$ gemäß Gl. (9.5.32) zu

$$\underline{K} = \underline{K}^{\ast} + \overline{\underline{M}}^{-1}\underline{S}' \qquad\qquad (9.5.35)$$

7. Beurteilung des Abtastregelungssystems durch Simulation. Wenn
   es nicht zufriedenstellt, neuer Versuch im Schritt 2 (Wahl
   von $\underline{P}$ und $\underline{M}$).

Der Riccati-Entwurf in kontinuierlicher Zeit liefert bei vollständig meßbarem Zustand eine Phasenreserve von $\pm 60^{\circ}$, eine unendliche Verstärkungsreserve und eine Verstärkungs-Reduktions-Reserve
von 50 %. Alle Reserven gelten bei jeweils einer Stellgröße unter
der Voraussetzung, daß keine Phasen- und Verstärkungs-Änderungen
bei den anderen Stellgrößen auftreten.

Wie in [78.5] gezeigt wurde, gelten diese Reserven leider nicht
im diskreten Fall. Beispiele zeigen, daß die Verstärkungs-Reserven
wesentlich geringer sein können. Dies wird auch anschaulich deutlich im Beispiel von Bild 7.8. Innerhalb des gestrichelten Stabilitätsdreiecks ist es nirgends möglich, die Verstärkungen k_1 und k_2
gleichzeitig zu halbieren und die Stabilität zu erhalten. Eine
unendliche Verstärkungs-Reserve gibt es grundsätzlich bei Abtastsystemen nicht, da der Einheitskreis und seine Abbildung in den
K-Raum endlich sind.

Der Riccati-Entwurf wird daher hier für Abtastsysteme nur dann
empfohlen, wenn die technische Aufgabenstellung ein quadratisches
Kriterium und die Wahl der Gewichtungsmatrizen $\underline{P}$ und $\underline{M}$ in
(Gl. 9.5.33) nahelegen.

9.6 Übungen

9.1 Zu untersuchen ist das System

$$\underline{x}[k+1] = \begin{bmatrix} 5 & -1 & 2 \\ -2 & -2 & 6 \\ 4 & -3 & 7 \end{bmatrix} x[k] + \begin{bmatrix} 0 & 1 \\ 1 & 5 \\ 1 & 0 \end{bmatrix} u[k]$$

Bestimmen Sie

a) Die Steuerbarkeits-Indices μ_1, μ_2

b) eine Steuerfolge, die das System zeitoptimal in den Nullzustand überführt

c) die charakteristische Polynom-Matrix

d) Eine Zustandsvektor-Rückführung für die zeitoptimale Über-
führung in den Nullzustand

e) Eine Zustandsvektor-Rückführung $\underline{K}$, die $\underline{A} - \underline{B}\,\underline{K}$ das Minimalpolynom $(z - 0,4)^2$ gibt.

9.2 Kann bei dem System von Übung 9.1 eine beliebige Polvorgabe
mit einer Rückführmatrix

$$\underline{K} = \begin{bmatrix} k_{11} & 0 & k_{13} \\ k_{21} & 0 & k_{23} \end{bmatrix}$$

durchgeführt werden?

9.3 An der Verladebrücke werde die Position der Laufkatze x_1 und
die Seilwinkelgeschwindigkeit x_4 gemessen. Bestimmen Sie
die Beobachtbarkeits-Indices und berechnen Sie einen Beobachter reduzierter Ordnung mit zeitoptimalem Abklingen des Re-
konstruktionsfehlers.

9.4 Überprüfen Sie die Regler (9.3.28) und (9.3.29) auf ihr Verhalten bei Ausfall von jeweils einem der drei Stellglieder,
d.h. Nullsetzen der entsprechenden Zeile von $\underline{K}$. Vergleichen
Sie die Robustheit der beiden Lösungen gegenüber Stellglied-
ausfall.

9.5 Gegeben sei das System
$$\underline{x}[k+1] = \begin{bmatrix} 1 & 1 \\ 0 & 1 \end{bmatrix} \underline{x}[k] + \begin{bmatrix} 1 & 1 \\ 1 & 2 \end{bmatrix} \underline{u}[k]$$

Die Zustandsvektor-Rückführung kann drei Konfigurationen annehmen:

a) nominal

$$\underline{K} = \begin{bmatrix} k_{11} & k_{12} \\ k_{21} & k_{22} \end{bmatrix}$$

b) Ausfall des Stellgliedes 1

$$\underline{K}_2 = \begin{bmatrix} 0 & 0 \\ k_{21} & k_{22} \end{bmatrix}$$

c) Ausfall des Stellgliedes 2

$$\underline{K}_1 = \begin{bmatrix} k_{11} & k_{12} \\ 0 & 0 \end{bmatrix}$$

Gesucht ist $\underline{K}$, so daß nominal ein doppelter Eigenwert bei $z = 0,4$ vorgegeben wird und in den beiden Ausfallsituationen die Eigenwerte im kleinstmöglichen Kreis Γ_r aus der Kreisfamilie von Bild 7.7 liegen.

9.6 Die Verladebrücke habe die Parameterwerte nach Übung 3.6. Durch Polvorgabe in Schwerpunkts-Koordinaten wurde die Zustandsvektor-Rückführung
$\underline{k}^{*\prime} = [400 \quad 1550 \quad 15450 \quad -10267]$ gefunden, die bei der Versetzung der Last um 1 m eine maximale Stellamplitude von $|u| = 400$ benötigt und $||\underline{x}|| = \sqrt{\underline{x}^{\prime}\underline{x}}$ innerhalb 10 Sekunden von 1 auf 0,003 vermindert. Benutzen Sie den quadratisch optimalen Entwurf, um eine Lösung zu finden, die diese Spezifikationen ebenfalls erfüllt. Vergleichen Sie die Lage der Eigenwerte bei den beiden Lösungen.

Anhang D Flugzeugstabilisierung

In diesem Anhang wird das linearisierte Modell für die kurzperiodische Anstellwinkelschwingung eines Flugzeugs F4-E angegeben. Für
dieses Beispiel wird in Kapitel 8 ein Reglerentwurf durchgeführt.

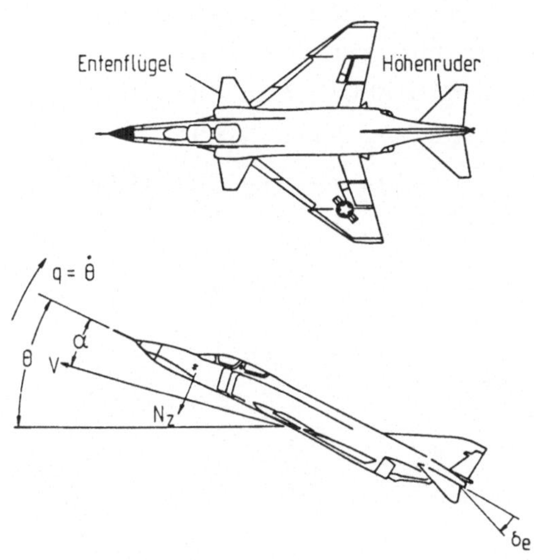

Bild D.1   F4-E mit zusätzlichen Canards

Ein F4-E Phantom-Düsenjäger wurde zu einem Experimentalflugzeug
umgebaut. Dabei wurde durch zusätzliche horizontale Entenflügel
(Canards) die Manövrierfähigkeit erhöht. Dies geht jedoch auf
Kosten der Stabilität der Längsbewegung. Die kurzperiodische An-
stellwinkel-Schwingung ist instabil im Unterschallflug und nur
schwach gedämpft im Überschallflug.

176

Untersucht wird hier nur die Stabilisierung der kurzperiodischen Anstellwinkelschwingung, durch die das Flugzeug für den Piloten beherrschbar wird.

Für kleine Abweichungen von einem stationären Flugzustand (d.h. konstante Höhe und Geschwindigkeit, kleine Anstellwinkel α) können die Bewegungsgleichungen linearisiert werden. Als Zustandsgrößen wurden hier nicht, wie in der Flugmechanik üblich, Anstellwinkel α und Nickwinkel-Geschwindigkeit q benutzt. Die Zustandsgleichungen wurden vielmehr auf die Größen q und Normal-Beschleunigung N_z umgerechnet, da diese beiden Größen gemessen werden und damit der Entwurf auf Robustheit gegen Ausfall des Beschleunigungsmessers [80.10], [81.6] übersichtlicher wird. In das Modell aufgenommen wurde die Stellglieddynamik des Höhenruder- und Canard-Antriebs als Tiefpaß mit der Übertragungsfunktion $14/(s+14)$. Seine Zustandsgröße ist δ_e, die Abweichung des Höhenruderausschlags von seiner Trimm-Position. δ_e wird nicht zur Rückführung verwendet, da dies eine Schätzung der Trimm-Position voraussetzen würde. Mit dem Zustandsvektor

$$\underline{x}' = [N_z \quad q \quad \delta_e] \tag{D.1}$$

lautet die linearisierte Bewegungsgleichung

$$\underline{\dot{x}} = \underline{A}\,\underline{x} + \underline{b}\,u$$

$$\underline{A} = \begin{bmatrix} a_{11} & a_{12} & a_{13} \\ a_{21} & a_{22} & a_{23} \\ 0 & 0 & -14 \end{bmatrix} \qquad \underline{b} = \begin{bmatrix} b_1 \\ 0 \\ 14 \end{bmatrix} \tag{D.2}$$

Im stationären Flug werden Höhenruder (δ_e) und Entenflügel-Ruder (δ_c) nicht unabhängig voneinander benutzt, die beiden Stellgrößen sind gekoppelt durch

$$\delta_{e\,soll} = u$$
$$\delta_{c\,soll} = -0,7\,u \tag{D.3}$$

Der Faktor -0,7 wurde im Hinblick auf den minimalen Luftwiderstand
gewählt.

Strukturschwingungen sind in dieses Modell nicht aufgenommen worden,
die Bandbreite des Regelkreises für die Starrkörper-Freiheitsgrade
sollte jedoch deutlich unterhalb der ersten Strukturschwingungs-
Frequenz von 85 Rad/sec begrenzt werden, um diese nicht anzuregen.

Die Flugzustände, die dieses Flugzeug stationär fliegen kann, sind
im Höhen-Machzahl-Diagramm D.2 durch eine Einhüllende dargestellt.
Sie werden hier repräsentiert durch die vier eingetragenen typischen
Flugzustände.

Zahlenwerte für die vier Flugzustände wurden aus [78.2] entnom-
men und wurden für das Modell D.1 umgerechnet. Sie sind zusammen
mit den Eigenwerten in der folgenden Tabelle zusammengestellt:

	FC 1	FC 2	FC 3	FC 4
Mach	0.5	0.85	0.9	1.5
Höhe (Fuß)	5000	5000	35000	35000
a_{11}	-0.9896	-1.702	-0.667	-0.5162
a_{12}	17.41	50.72	18.11	26.96
a_{13}	96.15	263.5	84.34	178.9
a_{21}	0.2648	0.2201	0.08201	-0.6896
a_{22}	-0.8512	-1.418	-0.6587	-1.225
a_{23}	-11.39	-31.99	-10.81	-30.38
b_1	-97.78	-272.2	-85.09	-175.6
s_1	-3.07	-4.90	-1.87	$-0.87 \pm j4.3$
s_2	1.23	1.78	0.56	

Eine in der Flugmechanik übliche Größe für die Beurteilung der
Sprungantwort ist

$$C^* = (N_z + 12.43q)/C_\infty \tag{D.4}$$

Der stationäre Wert C_∞ wird zur Normierung verwendet. Die C^*-
Sprungantwort soll in dem in Bild D.3 gezeigten Schlauch liegen.
Dies kann bei günstiger Lage der Eigenwerte des geschlossenen
Kreises gemäß Gl. (8.2.3) z.B. durch ein Vorfilter beim Piloten-
Kommando erreicht werden.

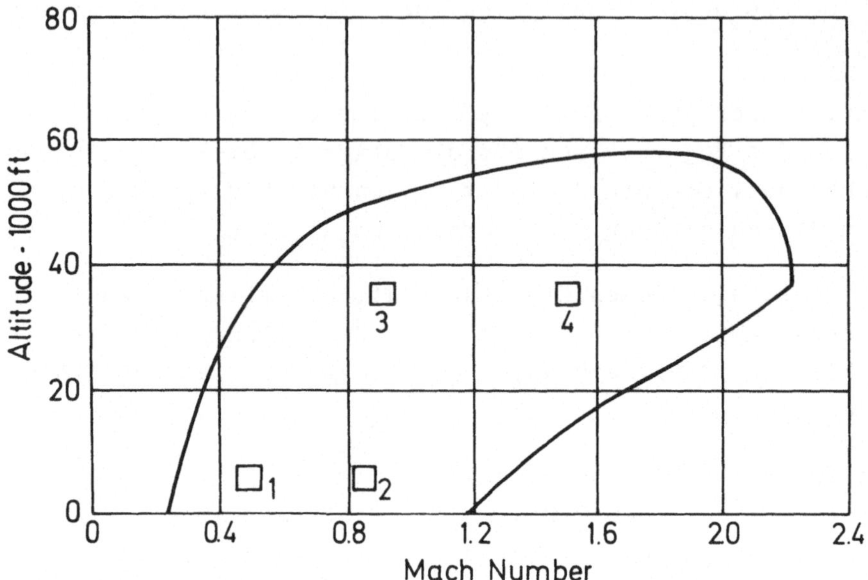

BildD.2 Einhüllende der möglichen Flugzustände und vier
repräsentative Fälle.

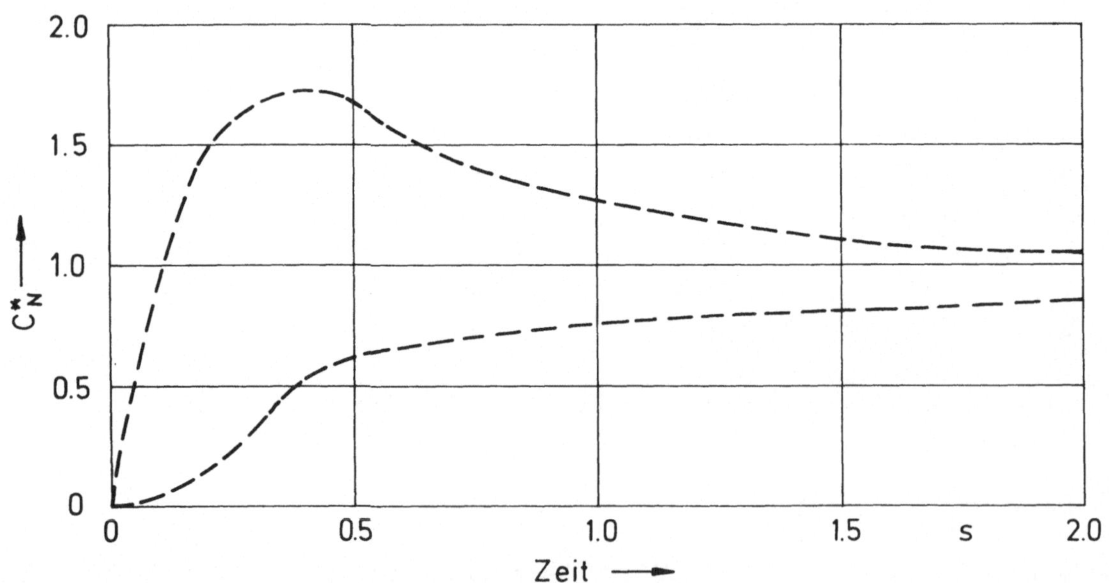

Bild D.3 Zulässiger "Schlauch" für die C^*-Antwort

Literaturverzeichnis

1854

Hermite, C.: Sur le nombre de racines d'une équation algé-
brique comprise entre des limites données. Journal für Math.
(1854), Nr. 52, 39-51 und 397-414.

1876

Vishnegradsky, I.A.: Sur la theorie generale des regulateurs.
Compt. Rend. Acad. Sci., 83, Paris 1876, 318-321.

1877

Routh, E.J.: Stability of a given state of motion. London:
1877.

1893

Ljapunov, A.M.: Problème général de la stabilité du mouvement.
1893. New York: Nachdruck Academic Press (1966) Vol. 30.

1895

Hurwitz, A.: Über die Bedingungen, unter welchen eine Gleichung nur Wurzeln mit negativen reellen Teilen besitzt.
Math. Ann. (1895) Nr. 46, 273-284.

1897

Gouy, G.: Über einen Ofen mit konstanter Temperatur.
J. Physique (1897) Band 6, Serie 3, 479-483.

1911

Orlando, L.: Sul problema di Hurwitz relative alle parti realli
delle radici di un'equazione algebraica. Math. Ann. (1911),
Nr. 71, S. 233.

180

1914

Liénard, A.M., Chipart, A.H.: Über das Vorzeichen des Realteils der Wurzeln einer algebraischen Gleichung. J. Math.
Pures et Appl. (1914) Nr. 10, 291-346.

1917

Schur, I.: Über Potenzreihen, die im Inneren des Einheitskreises beschränkt sind. Journal für Math. (1917) Nr. 147,
205-232. (1918) Nr. 148, 122-145.

1922

Cohn, A.: Über die Anzahl der Wurzeln einer algebraischen
Gleichung in einem Kreise. Math. Zeitschrift (1922) Nr. 14,
110-148.

1926

Fujiwara, M.: Über die algebraischen Gleichungen, deren Wurzeln in einem Kreise oder in einer Halbebene liegen. Math.
Zeitschrift (1926) Nr. 24, 161-169.

1944

Oldenbourg, R.C., Sartorius, H.: Dynamik selbsttätiger Rege-
lungen. München: Oldenbourg 1944 und 1951.

1945

Bode, H.W.: Network analysis and feedback amplifier design.
New York: Van Nostrand 1945.

1947

1   James, H.M., Nichols, N.B., Phillips, R.S.: Theory of
     servomechanisms. New York: McGraw Hill 1947, darin Kapitel
     5 filters and servo systems with pulsed data von
     W. Hurewicz.

2   Neimark, Y.I.: Über das Problem der Verteilung der Wurzeln
     von Polynomen. Dokl. Akad. Nauk. UdSSR (1947) Nr. 58,
     S. 357.

1948

1   Evans, W.R.: Graphical analysis of control systems.
     Trans. AIEE (1948) Nr. 67, 547-551.

2   Neimark, Y.I.: Struktur der D-Zerlegung des Polynomraums
        und die Diagramme von Vishnegradsky und Nyquist, Dokl.
        Akad. Nauk. UdSSR (1948) Nr. 59, S. 853.

1949

1   Zypkin, Ja.S.: Theorie der intermittierenden Regelung.
        Avtomatika i Telemekhanika (1949) Nr. 10, 189-224 und
        (1950) Nr. 11, 300.

2   Shannon, C.E.: Communication in the presence of noise.
        Proc. IRE (1949) Nr. 37, 10-21.

3   Marden, M.: The geometry of the zeros of a polynomial in
        a complex variable. New York: Americ. Math. Soc. 1949,
        152-157.

1951

1   Lawden, D.F.: A general theory of sampling servo systems.
        Proc. IEE (1951) Nr. 98, pt. IV, 31-36.

2   Perron, O.: Algebra. Band II, Theorie der algebraischen
        Gleichungen. Berlin: Walter de Gruyter 1951.

1952

1   Ragazzini, J.R., Zadeh, L.H.: The analysis of sampled-
        data systems. Trans. AIEE (1952) Nr. 71, pt. IV, 302-317.

2   Barker, R.H.: The pulse transfer function and its appli-
        cations to sampling servo systems. Proc. IEE (1952)
        Nr. 99, pt. IV, 302-317.

1953

1   Linvill, W.K., Salzer, J.M.: Analysis of control systems
        involving digital computers. Proc. IRE (1953) Nr. 41,
        901-906.

2   Linvill, W.K., Sittler, R.W.: Extension of conventional
        techniques to the design of sampled-data systems. IRE
        Conv. Rec. (1953), pt. I, 99-104.

3   Birkhoff, G., MacLane, S.: A survey of modern algebra.
        New York: MaxMillan 1953.

1954

1   Salzer, J.M.: The frequency analysis of digital computers
        operating in real time. Proc. IRE (1954) Nr. 42, 457-466.

2   Jury, E.I.: Analysis and synthesis of sampled-data control
        systems. Trans. AIEE (1954) Nr. 73, pt. I, 332-346.

182

1955

1   Coddington, E.A., Levinson, N.: Theory of ordinary
    differential equations. New York: McGraw Hill 1955.

2   Truxal, J.G.: Automatic feedback control systems synthesis.
    New York: McGraw Hill 1955. Wien: Oldenbourg 1960 (in
    Deutsch).

1956

1   Zypkin, Ja.S.: Differenzengleichungen der Impuls- und
    Regeltechnik. Berlin: VEB-Verlag Technik 1956.

2   Simon, H.A.: Dynamic programming under uncertainty
    with a quadratic criterion function. Econometrica
    (1956), vol. 24, 74-81.

1957

1   Kalman, R.E.: Optimal nonlinear control of saturating
    systems by intermittent action. Wescon IRE Convention
    Record 1957.

2   Gould, L.A., Kaiser, J.F., Newton, G.C.: Analytical
    design of linear feedback controls. New York: John Wiley
    1957.

3   Jury, E.I.: Hidden oscillations in sampled-data
    control systems. Trans. AIEE (1957), 391-395.

1958

1   Jury, E.I.: Sampled-data control systems. New York:
    John Wiley 1958.

2   Franklin, G.F., Regazzini, J.R.: Sampled-data control
    systems. New York: Mc Graw Hill 1958.

3   Hahn, W.: Über die Anwendung der Methode von Ljapunov auf
    Differenzengleichungen. Math. Ann. (1958) Nr. 136, 430-441.

4   Bertram, J.E., Kalman, R.E.: General synthesis procedure
    for computer control of single-loop and multiloop linear
    systems. Trans. AIEE (1958) Nr. 77, pt. II, 602-609.

5   Zypkin, Ja.S.: Theorie der Impulssysteme. Moskau: Staatl.
    Verlag für physikalisch-mathematische Literatur 1958.

6   Mitrovic, D.: Graphical analysis and synthesis of
    feedback control systems, I. Theory and Analysis,
    II. Synthesis, III. Sampled-data feedback control

    systems. AIEE Trans. PtII (Applications and Industry)
77 (1958), 476-503.

7   Kalman, R.E., Koepke, R.W.: Optimal synthesis of linear
sampling control systems using generalized performance
indexes. Trans. ASME (1958) Nr. 80, 1820-1826.

8   Smith, O.J.M.: Feedback control systems. New York:
McGraw Hill 1958.

1959

1   Tou, J.T.: Digital and sampled-data control systems.
New York: McGraw Hill 1959.

2   Bertram, J.E., Kalman, R.E.: A unified approach to the
theory of sampling systems. J. of the Franklin Inst.
(1959), 405-436.

3   Wilf, H.S.: A stability criterion for numerical integration.
J. Assoc. Comp. Mach. (1959) Nr. 6, 363-365.

1960

1   Gelfand, I.M., Schilow, G.E.: Verallgemeinerte Funktionen
(Distributionen). Berlin: VEB Deutscher Verlag der Wissen-
schaften 1960.

2   Tschauner, J.: Einführung in die Theorie der Abtastsysteme.
München: Oldenbourg 1960.

3   Bertram, J.E., Kalman, R.E.: Control systems analysis and
design via the second method of Ljapunov. Trans. ASME,
J. Basic Engineering (1960) Nr. 82, 371-400.

4   Kalman, R.E.: On the general theory of control systems.
Proc. First International Congress on Automatic Control,
Moskau 1960. London: Butterworth 1961, Bd. 1, 481-492.

5   Rissanen, J.: Control system synthesis by analogue computer based on the generalized linear feedback concept.
Proc. int. seminar on analog computation applied to the
study of chemical processes. Brüssel: Presses Academiques
Europeennes, Nov. 1960.

6   Kalman, R.E.: Contributions to the theory of optimal
control. Bol. Soc. Mat. Mexicana (1960) Bd. 5, 102-119.

7   Kalman, R.E.: A new approach to linear filtering and prediction problems. Trans. ASME, J. Basic Eng. (1960), 35-45.

1961

1   Chang, S.S.L.: Synthesis of optimum control systems.
New York: McGraw Hill 1961.

2   Zurmühl, R.: Matrizen. Berlin: Springer 1961.

3   Blanchard, J., Jury E.I.: A stability test for linear discrete systems in table form. Proc. IRE (1961) Nr. 49, 1947-1949.

4   Kley, A., Meyer-Brötz, G.: Analoge Rechenelemente als Abtaster, Speicher und Laufzeitglieder. Elektron. Rechenanlagen (1961) Nr. 3, 119-122.

5   Ackermann, J.: Über die Prüfung der Stabilität von Abtast-Regelungen mittels der Beschreibungsfunktion. Regelungstechnik (1961) Nr. 9, 467-471.

6   Joseph, P.D., Tou, J.T.: On linear control theory. AIEE Trans. Appl. and Industry (1961) Bd. 81, 193-196.

7   Kalman, R.E., Bucy, R.S.: New results in linear filtering and prediction theory. Trans. ASME, J. Basic Eng. (1961), 83 D, 95-108.

1962

1   Backes, H., Schmidt, G.: Abtaster und Haltekreis. Elektron. Rechenanlagen (1962) Nr. 4, 222-225.

2   Monroe, A.J.: Digital processes for sampled-data systems. New York: J. Wiley 1962.

3   Thoma, M.: Ein einfaches Verfahren zur Stabilitätsprüfung von linearen Abtastsystemen. Regelungstechnik (1962) Nr. 10, 302-306.

4   Jury, E.I.: A simplified stability criterion for linear discrete systems. Proc. IRE (1962) Nr. 50, 1493-1500 und 1973.

5   Jury, E.I.: On the evaluation of the stability determinants in linear discrete systems. IRE Trans. AC (1962) Nr. 7, 51-55.

6   Ackermann, J.: Die Stabilität von Abtast-Regelkreisen. Jahrbuch der WGLR (1962), 308-313.

7   Bass, R.W., Mendelsohn, P.: Aspects of general control theory. Final Report AFOSR 2754, 1962.

1963

1   Zadeh, L.A., Desoer, C.A.: Linear system theory - the state space approach. New York: McGraw Hill 1963.

2   Kalman, R.E.: Mathematical description of linear dynamical systems. J. SIAM on Control (1963) Nr. 1, 152-192.

3   Gilbert, E.G.: Controllability and observability in
     multivariable control systems. J. SIAM on Control (1963)
     Nr. 1, 128-151.

4   Jury, E.I., Pavlidis, T.: Stability and aperiodicity
     constraints for systems design. IEEE Trans. CT (1963)
     Nr. 10, 137-141.

5   Horowitz, I.M.: Synthesis of feedback systems. New York:
     Academic Press 1963.

6   Zypkin, Ja.S.: Die absolute Stabilität nichtlinearer
     Impuls-Regelsysteme. Regelungstechnik (1963) Nr. 11, 145-148.

7   Zypkin, Ja.S.: Fundamentals of the theory of nonlinear
     pulse control systems. Basel: 2. IFAC Kongreß 1963.

1964

1   Jury, E.I.: Theory and application of the z-transform
     method. New York: J. Wiley 1964.

2   Vich, R.: z-Transformation, Theorie und Anwendung. Berlin:
     VEB-Verlag Technik 1964.

3   Oppelt, W.: Kleines Handbuch technischer Regelvorgänge.
     Weinheim: Verlag Chemie 1964.

4   Parks, P.C.: Ljapunov and the Schur-Cohn stability
     criterion. IEEE Trans. AC (1964) Nr. 9, 121.

5   Mansour, M.: Diskussionsbemerkung zum Aufsatz: Ein Beitrag
     zur Stabilitätsuntersuchung linearer Abtastsysteme.
     Regelungstechnik (1964) Nr. 12, 267-268.

6   Ackermann, J.: Eine Bemerkung über notwendige Bedingungen
     für die Stabilität von linearen Abtastsystemen. Rege-
     lungstechnik (1964) Nr. 12, 308-309.

7   Zypkin, Ja.S.: Sampling systems theory. New York: Pergamon
     Press 1964.

8   Luenberger, D.G.: Observing the state of a linear system.
     IEEE Trans. on Military Electronics (1964) Nr. 8, 74-80.

9   Kalman, R.E.: When is a linear control system optimal?
     Trans. ASME (1964) Nr. 86D, 51-60.

10   Morgan, B.S.: The synthesis of linear multivariable systems
     by state variable feedback. IEEE Trans. AC (1964) Nr. 9,
     405-411.

11   Šiljak, D.: Generalization of Mitrovic's method. IEEE
     Trans. Pt.II (Applications and Industry), 83 (1964),
     314-320.

186

12 Popov, V.M.: Hyperstability and optimality of automatic
    systems with several control functions. Rev. Roum. Sci.
    Techn., Sev. Electrotechn. Energ. (1964), vol. 9, 629-690.

13 Langenhop, C.E.: On the stabilization of linear systems.
    Proc. American Math. Soc. (1964) vol. 15, 735-742.

1965

1   Freeman, H.: Discrete-time systems. New York: J. Wiley 1965.

2   Lindorff, D.P.: Theory of sampled-data control systems.
    New York: J. Wiley 1965.

3   Gantmacher, F.R.: Matrizenrechnung. VEB Deutscher Ver-
    lag der Wissenschaften, Teil I(1965) und Teil II(1966).

4   Franz, W.: Topologie, Band 1. Berlin: Sammlung Göschen, 1965.

5   Mansour, M.: Die Stabilität linearer Abtastsysteme und die
    zweite Methode von Ljapunov. Regelungstechnik (1965)
    Nr. 13, 592-596.

6   Bass, R.W., Gura, I.: High order system design via state-
    space considerations. Preprints Joint Automatic Control
    Conference (1965), 311-318.

7   Brockett, R.W.: Poles, zeros and feedback: state space
    interpretation. IEEE Trans. AC (1965) Nr. 10, 129-135.

1966

1   Chidambara, M.R., Johnson, C.D., Rane, D.S., Tuel, W.G.:
    On the transformation to phase-variable canonical form.
    IEEE Trans. AC (1966) Nr. 11, 607-610.

2   Luenberger, D.G.: Observers for multivariable systems.
    IEEE Trans. AC (1966) Nr. 11, 190-197.

3   Ho, B.L., Kalman, R.E.: Effective construction of linear
    statevariable models from input/output functions.
    Regelungstechnik (1966) Nr. 14, 545-548.

4   Ackermann, J.: Beschreibungsfunktionen für die Analyse und
    Synthese von nichtlinearen Abtast-Regelkreisen. Rege-
    lungstechnik (1966) Nr. 14, 497-544.

5   Silverman, L.M.: Representation and realization of time-
    variable linear systems. Ph.D. Thesis, New York:
    Columbia University 1966.

1967

1   Strejc, V.: Synthese von Regelungssystemen mit Prozeß-
    rechner. Berlin: Akademie-Verlag 1967.

2   Zypkin, Ja. S.: Theorie der linearen Impulssysteme.
    München: Oldenbourg 1967.

3   Anderson, B.D.O., Luenberger, D.G.: Design of multi-
    variable feedback systems. Proc. IEE (1967) Nr. 114,
    395-399.

4   Luenberger, D.G.: Canonical forms for multivariable systems.
    IEEE Trans. AC (1967) Nr. 12, 290-293.

5   Falb, P.L., Wolovich, W.A.: Decoupling in the design and
    synthesis of multivariable control systems. IEEE Trans.
    AC (1967) Nr. 12, 651-659.

6   Schultz, D.G., Melsa, J.L.: State functions and linear control
    systems. New York: McGraw Hill 1967.

7   Wonham, W.M.: On pole assignment in multi-input controllable
    systems. IEEE Trans. AC (1967), vol. 12, 660-665.

1968

1   Ackermann, J.: Anwendung der Wiener-Filtertheorie zum
    Entwurf von Abtastreglern mit beschränkter Stelleistung.
    Regelungstechnik (1968) Nr. 16, 353-359.

2   Ackermann, J.: Zeitoptimale Mehrfach-Abtastregelsysteme.
    Vorabdrucke zum IFAC-Symposium Mehrgrößen-Regelsysteme,
    Düsseldorf (1968) Band I.

3   Chen, C.T., Desoer, C.A.: A proof of controllability of
    Jordan form of state equations. IEEE Trans. AC (1968)
    Nr. 13, 195-196.

4   Bucy, R.S.: Canonical forms for multivariable systems.
    IEEE Trans. AC (1968) Nr. 13, 567-569.

5   Widnall, W.S.: Applications of optimal control theory to
    computer controller design. MIT Press, Research Monograph
    Nr. 48, Cambridge Massachusetts.

6   Gopinath, B.: On the identification and control of linear
    systems. Ph. D. Thesis, Stanford University, 1968.

1969

1   Arbib, M.A., Falb, P.L., Kalman, R.E.: Topics in mathemati-
    cal system theory. New York: McGraw Hill 1969.

188

2   Ackermann, J.: Über die Lageregelung von drallstabili-
     sierten Körpern. Zeitschrift für Flugwissenschaften (1969)
     Nr. 17, 199-207.

3   Ackermann, J.: Diskussionsbeitrag zur Arbeit von O. Föllin-
     ger "Synthese von Mehrfachregelungen mit endlicher Ein-
     stellzeit". Regelungstechnik (1969) Nr. 17, 170-173.

4   Chen, C.T.: Design of feedback control systems. Chicago:
     Proc. Nat. Electronics Conf. (1969), 46-51.

5   Gopinath, B.: On the identification of linear time-
     invariant systems from input-output data. Bell Syst.
     Tech. J. (1969) Nr. 48.

6   Pearson, J.B., Ding, C.Y.: Compensator design for multi-
     variable linear systems. IEEE Trans. AC (1969) Nr. 14,
     130-139.

7   Flying qualities of piloted airplanes, MIL-F-8785 B (ASG),
     Aug. 7, 1969.

8   Šiljak, D.D.: Nonlinear systems, the parameter analysis
     and design. New York: Wiley 1969.

9   Hautus, M.L.J.: Controllability and observability conditions
     of linear autonomous systems. Proc. Kon. Ned. Akad. Wetensch.,
     ser. A (1969) vol. 72, 443-448.

10   Duffin, R.J.: Algorithms for classical stability problems.
     SIAM Review (1969), vol. 11, 196-213.

11   Cumming, S.D.G.: Observer theory and control system design.
     Ph. D. Thesis Imperial College, London, 1969, also Electronics
     Letters (1969), p. 213.

1970

1   Brunovsky, P.: A classification of linear controllable
     systems. Kybernetica (1970), Cislo, 173-188.

2   Bucy, R.S., Ackermann, J.: Über die Anzahl der Parameter
     von Mehrgrößensystemen. Regelungstechnik (1970) Nr. 18.
     451-452.

3   Chen, C.T.: Introduction to linear system theory. New York:
     Holt, Rinehart and Winston 1970.

4   Brockett, R.W.: Finite dimensional linear systems.
     New York: J. Wiley 1970.

5   Rosenbrock, H.H.: State-space and multivariable theory.
     New York: Y. Wiley 1970.

6   Landgraf, C., Schneider, G.: Elemente der Regelungstech-
     nik. Berlin: Springer 1970.

7   Brasch, F.M., Pearson, J.B.: Pole placement using dynamic
     compensators. IEEE Trans. AC (1970) Nr. 15, 34-43.

8   Athans, M., Levis, A.H., Schlueter, R.A.: On the behavior
     of optimal linear sampled-data regulators. Preprints,
     Joint Automatic Control Conference. Atlanta: 1970, 659-669.

1971

1   Wiberg, D.M.: State space and linear systems. New York:
     McGraw Hill, Schaum's Outline Series 1971.

2   Müller, P.C., Weber, H.I.: Analysis and optimization of
     certain qualities of controllability and observability
     for linear dynamical systems. 2nd IFAC-Symposium on Multi-
     variable Control Systems, Düsseldorf: Oktober 1971.

3   Ackermann, J.: Die minimale Ein-Ausgangs-Beschreibung
     von Mehrgrößensystemen und ihre Bestimmung aus Ein-Aus-
     gangs-Messungen. Regelungstechnik (1971) Nr. 19, 203-206.

4   Ackermann, J., Bucy, R.S.: Canonical minimal realization
     of a matrix of impulse response sequences. Information
     and Control (1971) Nr. 19, 224-231.

5   Jury, E.I.: The inners approach to some problems in
     system theory. IEEE Trans. AC (1971) Nr. 16, 233-239.

6   Wolovich, W.A.: A direct frequency domain approach to
     state feedback and estimation. IEEE Decision and Control
     Conference. Miami-Florida 1971.

7   Luenberger, D.G.: An introduction to observers. IEEE
     Trans. AC (1971) Nr. 16, 596-602.

8   Anderson, B.D.O., Moore, J.B.: Linear optimal control.
     Englewood Cliffs, N.J.: Prentice Hall 1971.

9   Johnson, C.D.: Accomodation of external disturbances in
     linear regulator and servomechanism problems.
     IEEE Trans. AC (1971) Nr. 16, 635-644.

10   Kalman, R.E.: Kronecker invarariants and feedback. Proc.
     Conf. on Ordinary Differential Equations. NRL Mathematics
     Research Center, 14.-23. Juni 1971.

11   Wonham, M., Morse, S.: Feedback invariants of linear
     multivariable systems. 2nd IFAC Symposium on Multi-
     variable Control Systems, Düsseldorf: Oktober 1971.

1972

1   Ackermann, J.: Der Entwurf linearer Regelungssysteme im Zustandsraum. Regelungstechnik (1972) Nr. 20.

2   Ackermann, J.: On partial realizations. IEEE Trans. AC (1972) Nr. 17.

3   Föllinger, O.: Regelungstechnik. Berlin: Elitera 1972 und Heidelberg: Dr. Alfred Hüthig 1972.

4   Popov, V.M.: Invariant description of linear time-invariant controllable systems, SIAM J. Control (1972), vol. 10, 252-264.

5   Kwakernaak, H., Sivan, R.: Linear optimal control systems. New York: Wiley 1972.

6   Hautus, M.L.J.: Controllability and stabilizability of sampled systems. IEEE Trans. AC (1972) Nr. 17, 528-531.

1973

1   Anderson, B.D.O., Jury, E.I.: A simplified Schur-Cohn test. IEEE Trans. AC (1973), Nr. 18, 157-163.

2   Berger, R.L., Hess, J.R., Anderson, D.C.: Compatibility of maneuver load control and relaxed static stability applied to military aircraft. AFFDL-TR-73-33, 1973.

3   Källström, C.: Computing $\exp(A)$ and $\int \exp(As)ds$. Report 7309, Lund Institute of Technology, Division of Automatic Control, März 1973.

1974

1   Wolovich, W.A.: Linear Multivariable Systems. New York: Springer Verlag, 1974.

2   Jury, E.I.: Inners and Stability of Dynamic Systems. New York: Wiley 1974.

3   Lawson, C.L., Hanson, R.J.: Solving least squares problems. Englewood Cliffs: Prentice Hall, 1974.

1975

1   Hirzinger, G., Ackermann, J.: Sampling frequency and controllability region. Computers and Electrical Engineering 1975, vol. 2, 347-351.

2   Forney, G.D.: Minimal bases of rational vector spaces
     with applications to multivariable linear systems.
     SIAM J. Control (1975), vol. 13, 493-520.

3   Sirisena, H.R., Choi, S.S.: Pole placement in prescribed
     regions of the complex plane using output feedback.
     IEEE Trans. AC (1975), 810-812.

1976

1   Ackermann, J.: Einführung in die Theorie der Beobachter.
     Regelungstechnik (1976), Nr. 24, S. 217-226.

1977

1   Schneider, G.: Über die Beschreibung von Abtastsystemen
     im transformierten Frequenzbereich. Regelungstechnik
     (1977) Nr. 25, Beilage Theorie für den Anwender,
     Sept., Okt.

2   Hirzinger, G.: Zur Regelung getasteter Totzeitsysteme
     DFVLR-IB 552-77/38, Dez. 1977.

3   Grübel, G.: Beobachter zur Reglersynthese. Habilitations-
     schrift, Ruhr-Universität Bochum, Juli 1977.

4   Ackermann, J.: Entwurf durch Polvorgabe. Regelungstechnik
     (1977), Nr. 25, 173-179 und 209-215.

5   Ackermann, J.: On the synthesis of linear control systems
     with specified characteristics. Automatica (1977),
     vol. 13, 89-94.

1978

1   Fam, A.T., Meditch, J.S.: A canonical parameter space
     for linear system design. IEEE Trans. AC (1978), Nr. 23,
     454-458.

2   Whitbeck, R.F., Hofmann, L.G.: Digital control law syn-
     thesis in the w'domain. J. Guidance and Control (1978)
     Nr. 1, 319-326.

3   Moler, C.B., Van Loan, C.F.: Nineteen dubious ways to
     compute the exponential of a matrix. SIAM Rev. (1978)
     Nr. 20, 801-836.

4   Davison, E.J., Gesing, W., Wang, S.H.: An algorithm for
     obtaining the minimal realization of a linear time-
     invariant system and determining if a system is stabiliz-
     able-detectable. IEEE Trans. AC (1978), Nr. 23, 1048-1054.

5   Willems, J., van der Voorde, H.: The return difference
    for discrete-time optimal feedback systems. Automatica
    (1978), vol. 14, 511-513.

1979

1   Heymann, M.: The pole shifting theorem revisited. IEEE
    Trans. AC (1979), vol. 24, 479-480.

2   Kučera, V.: Discrete linear control - The polynomial
    equation approach. Chichester: Wiley, 1979.

3   Ackermann, J.: A robust control system design. Proc.
    Joint Autom. Contr. Conf. Denver, Juni 1979, 877-883.

4   Kreisselmeier, G., Steinhauser, R.: Systematische Ausle-
    gung von Reglern durch Optimierung eines vektoriellen
    Gütekriteriums. Regelungstechnik (1979) Nr. 27, 76-79.

5   Kalman, R.E.: On partial realization, transfer functions
    and canonical forms. Acta Polytechnica Scandinavica Ma 31,
    Helsinki 1979, 9-32.

6   Laub, A.J.: A Schur method for solving algebraic Riccati
    equations. IEEE Trans. AC (1979), vol. 24, 913-921.

1980

1   Franklin, G.F., Powell, J.D.: Digital control of dynamical
    systems. Reading: Addison-Wesley 1980.

2   Kailath, T.: Linear systems. Englewood Cliffs N.J.:
    Prentice-Hall 1980.

3   Hickin, J.: Pole assignment in single-input linear systems.
    IEEE Trans. AC (1980) vol. 25, 282-284.

4   Stoer, J., Bulirsch, R.: Introduction to numerical analysis.
    New York: Springer 1980.

5   Darenberg, W.: Einsatz eines Lenkwinkel-Beobachters bei der
    Spurregelung von Kraftfahrzeugen. Regelungstechnik (1980)
    Nr. 28, 323-328.

6   Ackermann, J.: Parameter space design of robust control
    systems. IEEE Trans. AC (1980), vol. 25, 1058-1072.

7   Steinhauser, R.: Systematische Auslegung von Reglern durch
    Optimierung eines vektoriellen Gütekriteriums - Durchführung
    des Reglerentwurfs mit dem Programm REMVG. DFVLR-Mitteilung
    80-18.

8   Föllinger, O.: Regelungstechnik. 3. Auflage, Elitera-Verlag,
    Berlin 1980.

9   Klema, V.C., Laub, A.J.: The singular value decomposition:
     Its computation and some applications. IEEE Trans. AC (1980)
     vol. 25.

10   Ackermann, J., Franklin, S.N., Chato, C.B., Looze, D.P.:
     Parameter space techniques for robust control system design.
     Report DC-39, Coordinated Science Laboratory, University
     of Illinois, Urbana, Juli 1980.

11   Åström, K., Hagander, P., Sternby, J.: Zeros of sampled
     systems. 19th IEEE Conference on Decision and Control,
     Albuquerque, Dez. 1980.

12   Avriel, M.: Advances in Geometric Programming. New York:
     Plenum Press, 1980.

13   Forrest, A.R.: Recent work on geometric algorithms, Chapter 5
     in Brodlie, K.W.: Mathematical methods in computer graphics
     and design. London: Academic Press, 1980.

14   Froriep, R.: Strukturoptimale Reglersynthese (Riccati-Entwurf).
     CCG-Lehrgang "Regelungstechnische Analyse- und Entwurfs-
     software". Oberpfaffenhofen, November 1980.

1981

1   Wolovich, W.A.: Multipurpose controllers for multi-
     variable systems. IEEE Trans. AC (1981) vol. 26,
     162-170.

2   Patel, R.V.: Computation of matrix fraction descriptions
     of linear time-invariant systems. IEEE Trans. AC (1981)
     vol. 26, 148-161.

3   Ackermann, J., Kaesbauer, D.: D-Decomposition in the space
     of feedback gains for arbitrary pole regions. Preprints
     VIII IFAC Congress, Kyoto, IV.12-17.

4   Paige, C.C.: Properties of numerical algorithms related
     to computing controllability. IEEE Trans. AC (1981)
     vol. 26, 130-138.

5   O'Reilly, J.: The discrete linear time invariant time-
     optimal control problem - An overview. Automatica (1981),
     vol. 17, 363-370.

6   Franklin, S.N., Ackermann, J.: Robust flight control:
     A design example. AIAA J. Guidance and Control (1981)
     vol. 4, 597-605.

7   Ackermann, J.: Robust Flight Control system design. Pre-
     prints VIII IFAC Congress, Kyoto, VIII.79-84.

8   Jury, E.I., Anderson, B.D.O.: A note on the reduced
     Schur-Cohn criterion. IEEE Trans. AC (1981), vol. 26,
     612-614.

9   Tuschak, R.: Relations between transfer and pulse
     transfer functions of continuous processes, VIII IFAC
     Congress, Kyoto, IV. 1-5.

10   Keviczky, L., Kumar, K.S.P.: On the applicability of
     certain optimal control methods, VIII IFAC Congress,
     Kyoto, IV. 48-53.

1982

1   Sondergeld, K.P.: A generalization of the Routh-Hurwitz
     stability criteria and application to feedback design.
     To appear in IEEE Trans. AC.

2   Ackermann, J., Türk, S.: A common controller for a
     family of plant models. 21st IEEE Conference on
     Decision and Control, Orlando, Dez. 1982.

Sachverzeichnis

Seitenzahlen des ersten Bandes sind durch I: gekennzeichnet, die des zweiten Bandes durch II: